U0296092

气候变化经济过程的复杂性丛书

中国平稳增长路径下减排控制研究

朱永彬　王　铮　石莹　著

国家重大基础研究计划（973）（No.2012CB955800）
国家自然科学青年基金（No.41201594）　资助

科学出版社

北　京

内 容 简 介

　　本书以经济平稳增长为主线，探讨了平稳增长路径下的能源需求和碳排放趋势；并结合当前中国面临的减排形势，利用模型模拟的方法研究了保持经济平稳增长和实现减排目标双重约束下中国未来的发展路径。本书从平稳增长的内涵讲起，介绍了新古典经济增长模型中对平稳增长的定义和建模方法，通过对模型的深入扩展研究，围绕能源效率、技术进步、产业结构与能源结构调整等手段，引入不同的减排机制，对平稳增长框架下的最优减排控制策略进行模拟分析。本书内容全面，深入浅出，涉及模型构建、数据准备、求解算法、软件编程和模拟分析等多个方面。

　　本书可供经济、能源、气候变化、可持续发展和减排问题的研究人员与大专院校师生参考，抛砖引玉，为深入研究中国的减排路线提供理论支撑。同时本书模拟得到的一些结论可作为政策制定者进行决策的依据，对相关问题感兴趣的社会人士也可通过本书了解经济与减排之间的相互作用关系。

图书在版编目（CIP）数据

中国平稳增长路径下减排控制研究/朱永彬，王铮，石莹著. —北京：科学出版社，2016.3

(气候变化经济过程的复杂性丛书)

ISBN 978-7-03-047754-5

I. ①中… II. ①朱… ②王… ③石… III. ①二氧化碳-减量化-排气-研究-中国 IV. ①X511

中国版本图书馆 CIP 数据核字（2016）第 053095 号

责任编辑：万　峰　朱海燕/责任校对：蒋　萍
责任印制：张　伟/封面设计：北京图阅盛世文化传媒有限公司

科　学　出　版　社 出版
北京东黄城根北街 16 号
邮政编码：100717
http://www.sciencep.com

北京教图印刷有限公司 印刷
科学出版社发行　各地新华书店经销
*

2016 年 3 月第 一 版　开本：787×1092　1/16
2018 年 5 月第三次印刷　印张：13 1/4
字数：295 000

定价：89.00 元
（如有印装质量问题，我社负责调换）

《气候变化经济过程的复杂性丛书》序

气候变化经济学是近 20 年才被认识的学科，它是自然科学与社会科学结合的产物，旨在评估气候变化和人类应对气候变化行为的经济影响与经济效益，并且涉及经济伦理问题。由于它是一个交叉科学，气候变化经济学面临很多复杂问题。这种复杂问题，许多可以追踪到气候问题、经济问题的复杂性。这是一个艰难的任务，是一个人类面临的科学挑战，鉴于这种情况，科学技术部启动了国家重大基础研究计划（973）项目——气候变化的经济过程复杂性机制、新型集成评估模型簇与政策模拟平台研发（No.2012CB955800），我们很幸运，接受了这一任务。本丛书就是它的序列成果。

在这个项目研究中，我们围绕国际上应对气候变化和气候保护的政策问题，展开气候变化经济学的复杂性研究，气候保护的国际策略与比较研究，气候变化与适应的全球性经济地理演变研究，中国应对气候变化的政策需求与管治模式研究。项目在基础科学层次研究气候变化与保护评估的基础模型，气候变化与保护的基本经济理论、伦理学原则、经济地理学问题，在技术层面完成气候变化应对的管治问题，以及气候变化与保护的集成评估平台研究与开发，试图解决从基础科学到技术开发的一系列气候变化经济学的科学问题。

由于是正在研究的前沿性课题，所以本序列丛书将连续发布，并且注重基础科学问题与中国实际问题的结合，作为本丛书主编，我希望本丛书对气候变化经济学的基础理论和研究方法有明显的科学贡献，而不是一些研究报告汇编。我也盼望着本书在政策模拟的方法论研究、人地关系协调的理论研究方面有所贡献。

我有信心完成这一任务的基础是，我们的项目组包含了一流的有责任心的科学家，还包揽了大量勤奋的、有聪明才智的博士后和研究生。

王　铮

气候变化经济过程的复杂性机制、新型集成评估模型簇

与政策模拟平台研发首席科学家

2014 年 9 月 18 日

序　言

　　2007 年 10 月我按中科院的布局研究，开展能源、碳排放、气候与经济的复杂耦合系统分析。当时传达了国务院领导同志的指示，他要求我们回答两个问题：第一，中国接受 21 世纪控制升温不超过 2℃的经济风险有多大；第二，中国有没有碳排放峰值，如果有会在哪一年达到。向我布置任务的傅伯杰局长就这两个问题的重要性约我谈了话，并且提供了他看到的一些国外类似文献。我接受任务后，起初认为这是一个用统计分析就可以解决的问题，但很快就发现这在理论上行不通，我的助手薛俊波甚至给出了一个计算反例，证明统计方法在这两个问题上不可行。因此，必须从理论上重新认识这一个问题。我的想法是，碳排放取决于两个因素，第一是经济增长，人们为了经济增长而使用能源才导致碳排放；第二是技术进步，人们可以使用更少的能源来获得经济增长。换言之，由于人类的技术进步，能源强度在降低，碳排放强度在降低，这两个因素合成了碳排放趋势。这里的技术进步是广义的，包括工艺技术的进步，产品的变化、能源结构的变化和产业结构的变化，对一个区域的碳排放来说，还包括碳汇的增减。

　　在此背景下，我安排学生吴静、朱永彬作为核心骨干分别对这两个问题进行研究。当时朱永彬还是我在华东师范大学的博士研究生。2008 年春，我们得到了按照中国的经济平稳增长趋势和技术进步速度，2040 年中国可以实现碳高峰的结论。这个方法的关键是对区域或中国未来经济增长趋势的估计，我们的模型设定中国是努力保持在平稳的最优增长轨道上的，这是一种进化经济学思想。这一研究工作在 2009 年以朱永彬为第一作者王铮为通讯作者发表于《地理学报》上。与这个工作并行的是，我与学生于洪洋最终从数学上严格证明了在技术进步作用下，一个经济体存在唯一的平稳增长路线使得环境库茨涅兹曲线存在。在经济学意义上，这个模型是一个需求侧模型，它考虑了经济增长对碳排放的需求。

　　在接下来的工作中，我和研究生刘昌新提出了一个算法模型，估计了能源替代趋势和产业结构演化趋势，我又和研究生马晓哲发展了一个估计森林碳汇的可计算模型。综合考虑产业结构、能源结构演变趋势以及将水泥排放和森林碳汇纳入后的净排放，同时考虑我国在技术进步方面的努力正在加大，计算得到中国大约可以将碳排放峰值提前到 2033 年，而能源消费产生的碳排放高峰出现在 2031 年。2008 年春，我在香山会议上报告了这一结果，当时的提法是 2030 年左右可以实现碳高峰。加上“左右”一词是因为中国不一定始终能在最优增长轨道上，误差会有的。其中，较原来认识的 2040 年，产业结构和能源结构变化可能导致峰值提前 4~5 年，增加碳汇又可以提前两年。这一研究以我和朱永彬、刘昌新、马晓哲为作者发表在 2010 年的《地理学报》，丰富了排放核算因素，并更新了研究结论，即到 2034 年达到碳高峰。针对国务院领导同志之问的研究结论，我和吴静于 2009 年给院领导做了汇报，并且通报了华东师大，因为朱永彬、马晓哲是华东师大学生，主要的计算工作是在华东师大的教育部重点实验室完成的，我不在华东师大期间，王远飞副教授、乐群副教授指导了他们的工作。

在这个研究的基础上，中科院为我布置了新的任务，国家重大研究计划也布置我们新的任务，朱永彬同学再次作为骨干，研究中国碳排放控制问题，在我指导下朱永彬在博士学位论文中发展了一个控制论模型来研究减排最优控制，研究生刘晓在朱永彬研究基础上进一步发展了最优控制率的模型，朱永彬、史雅娟探讨了消费偏好改变驱动产业结构调整的机制……我想这些都是有创新的工作。在后来的研究中，我组织石莹、朱艳硕、邓吉祥从供应侧研究了 2030 年左右实现峰值的路线问题，其中主要由石莹、朱艳硕完成的 2030 年峰值的供应侧分析，采用的也是最优控制方法，朱永彬协助我指导了这两个研究生的工作。在其他方面，吴静研究了中国不同年份实现峰值的风险问题，这个风险计算如果中国把碳排放峰值提前，比如说 2028 年，意味着中国为全球治理承担更多经济风险，进而也拉了全球经济的后腿。另一方面，乐群、马晓哲进一步探讨了中国分省增加森林碳汇问题。

总之，关于中国碳减排可行性路线的研究，朱永彬起到了重要的作用，特别是他将原来计划的研究内容与他的自然科学青年基金项目结合起来，突出地研究了能源效率、能源结构和产业结构对中国碳排放的影响，所以项目组推荐朱永彬负责编撰此书。本书的出版，是对中国碳排放问题的进一步探讨，书中的一些研究结论有些已经在 SCI 期刊上发表了；有海外朋友劝我，其余工作为什么不细水长流，在 SCI 期刊上慢慢的全部发表出来。有苦难言啊，因为语言问题，我们的英文文章往往需要反复的文字修改，文章慢慢出来，可能不能及时满足国家碳排放治理的需要了。好在我们中国人发展应用科学首先是满足中国发展的需要，因此某些重要可应用结论用中文发表是必要的。

在学术上，本书的分析模型，基本上是解析的可计算的动力学模型而非统计模型，我的经验是，动力学分析才能很好指导政策制定。希望本书发展的一些模型对研究同行和青年学生可能有参考作用，得到的政策结论有助于我国应对气候变化的经济治理。

王　铮

2016 年 1 月 15 日

目　　录

第二篇　产业结构篇

第1章 绪 论

1.1 经济平稳增长

经济增长本质是人类创造财富的过程，表现为经济总量不断增多，社会产品的种类和数量越来越丰富，居民收入或消费水平不断提高等，最终带来人类社会生活水平的提高和幸福感的提升，即经济学中常说的社会福利提高。基于过去几个世纪以来关于经济增长的一些基本事实，经济增长理论试图给出其背后的合理解释，如各国经济为什么会增长；为什么一些国家富有，而另一些国家贫穷；为什么亚洲四小龙在20世纪末创造了增长奇迹，而次撒哈拉非洲国家却陷入增长灾难；随着越来越多经济模型的不断涌现，经济增长理论得到了极大发展，对经济增长各个方面的解释能力也在逐渐加强。

除了关注经济增长的动力来源和分析影响增长速度存在国别与代际差异的因素以外，经济增长理论还一直对经济的"平稳增长"保持极大的兴趣。由于人类历史上曾发生过多起经济危机事件，如最近一次发生在2008年由美国次贷危机引发的全球经济危机，给经济系统和人类社会带来了巨大冲击，一些国家的经济在此后很长一段时间都未能得以复苏。这些负面事件带来的沉痛回忆，促使经济学家在分析经济为何增长的同时，也试图寻找经济平稳增长的条件是什么，甚至对经济危机发生前的蛛丝马迹进行追踪，提出预警和应对政策。

1.1.1 什么是平稳增长

平稳增长，也称为平衡增长或均衡增长，指的是经济产出与劳动力、资本、消费量等经济变量保持同步增长的状态。Solow（1956）提出了代表古典增长理论的索洛模型，该模型通过分析资本的动态变化，认为无论经济的起点在何处，最后终将收敛于平稳增长路径。在这一平稳增长路径上，模型的每个变量均以一个不变的速率增长。根据假设，劳动力和技术进步分别以 n 和 g 的速率增长的条件下，资本存量和有效劳动力将以 $n+g$ 的速率增长，由规模不变假设可知，经济产出也将以该速率增长。因此，每单位有效劳动力的资本和产出是不变的。若从人均尺度来衡量的话，每个工人的平均资本和平均产出均以速率 g 增长。由此，在索洛模型构建的平稳增长路径上，每个工人的平均产出增长率只由技术进步率唯一决定。

巧合的是，在19世纪及更早时期，美国经济和许多其他主要工业经济均表现为：劳动、资本与产出的增长率大致不变，产出与资本的增长率大致相等（即资本-产出比大体不变）。这与索洛模型描述的平稳增长路径非常一致，被认为是对该模型的现实佐证。

随后，Cass（1965）和 Koopmans（1965）基于 Ramsey（1928）的研究框架发展出一个新的模型——拉姆塞-卡斯-库普曼模型（简称 Ramsey 模型）。该模型与索洛模型相似，但储蓄率不再是外生固定不变的，而是由微观层次的决策决定：家庭在各期对收入进行分配，决定每期的消费和储蓄，家庭与厂商的交互作用引出资本存量的演化趋势。最终，微观决策决定了消费路径、产出路径，以使社会福利得到最大化。Ramsey 模型中，平稳增长路径的特性为：每单位有效劳动的资本、产出与消费是不变的，总资本存量、总产出与总消费均以 $n+g$ 的速率增长，每个工人的平均资本、平均产出和消费以速率 g 增长。

与索洛模型相比，Ramsey 模型的平稳增长内涵增加了对于消费均衡增长的关注。一个理想的均衡情况是，闭合经济体的经济产出与消费需求保持同步增长，由此意味着产品市场的需求与供给保持一致，达到市场出清的均衡条件。当消费增长速率快于产出增长率时，若长期积累将发生"过度消费（overconsumption）"问题。美国经济以"高消费率、低储蓄率"为显著特征，美国民众超前消费现象普遍，各种金融衍生品种类繁多，当风险超出可控范围时必然导致金融危机和经济危机。2008 年席卷全球的经济危机便是由美国次贷危机一手导演的。另外，如果消费增长速率低于产出增长率，长期积累也会导致另一个问题，即"消费不足（underconsumption）"。对于开放经济体而言，可以通过出口将国内过剩产能转移到国外，一定程度上缓解国内需求不足的问题。以投资和出口拉动的中国经济增长模式就是一个现实例子，尽管这一问题可以得到部分缓解，但从长期趋势来看，消费不足现象也是不可持续的。

相对来说，由于索洛模型和 Ramsey 模型仅考虑了资本和劳动力要素，其中劳动力还是外生引入的，因此，其所给出的平稳增长条件可以实现产出与要素，如资本之间的同步增长。但是，随着更多生产要素的引入，如考虑知识资本、能源资源等要素后，保持各要素的增长速率与产出的增速一致将成为一个非常强的假设。如前所述，只要消费与产出增长保持同步，就能保证产品市场的均衡，也就意味着长期来看，经济是平稳的。因此，放弃要素与产出增速趋同的假设，并不影响经济的平稳增长；同时，在市场经济中，资源将得到更高效的配置，流向能带来更多边际产出的生产要素，实现生产者利润最大化和消费者福利最大化目标。

1.1.2　平稳增长的重要性

经济平稳增长之所以重要，是因为在平稳增长轨道上可以避免不平稳增长带来的各种负面效应。例如，经济不平稳积累到一定程度将会引起经济危机的发生，使经济增长速度减缓、停滞甚至衰退，进而导致劳动力需求下降，引发失业率增加；同时带来投资与消费意愿下降，产生经济停滞与通货膨胀并存的现象。而经济危机一旦发生，需要付出很高的时间成本和经济代价使之回到良性增长的轨道。因此，经济危机通常将持续很长一段时间，才能使经济主体重新树立对未来增长的信心。

导致经济增长不平稳的原因主要有三个方面。一是由经济要素增长不均衡导致的原因，若产业升级和技术进步带来对各种生产要素的需求发生改变，而要素供给没有同步变化时，将导致经济增长不平稳，如资本过剩、失业率上升等。二是产品总供给与总需求不均衡，如果总需求增长率低于总产出，或者某个行业部门的需求增长率低于产出增长率时，将带来需求不足和供给过剩的情况，反之则会出现超前需求等现象，偏离平稳增长轨道。三是金融工具的使用带来的货币流动性增长与社会产品增长不一致导致的经济不平稳，这种不平稳还可能通过市场释放的错误信号进一步加剧供需不均衡程度。例如，美国次贷危机就是由美国的超前消费模式带来的：随着各种金融衍生工具的大量使用，不仅掩盖了原本就过剩的住房需求，并进一步刺激了该需求的膨胀，这种经金融工具加速后的产出与需求增长不均衡现象，最后引发了金融危机，进而形成全球性的经济危机。

人类为减缓气候变化所采取的温室气体减排活动，也会通过减排技术的应用和产业结构升级等引起资本和劳动力的这种要素结构的变化。此外，还可能引起传统产业与新兴产业的供给与需求增长不同步等经济不平稳因素的出现，因此，为了避免经济不平稳的各种负面不确定性后果发生，碳减排必须控制在经济平稳增长轨道附近。何琼、王铮等[①]从理论上证明了减排下的经济平稳增长轨道的存在性，即通常说的环境库茨涅兹曲线的存在性。

然而，尽管经济波动和不平稳增长是经济可持续发展的障碍，但却是现实经济的一种常态。严格意义上的平稳增长，即消费与产出的变化保持同步只是一种理想状态，而实际上由于受到各种不确定因素和无法预知的因素影响，包括微观行为和政策因素，经济的增长趋势并不是如理想中的那样平稳。平稳增长不仅是我们对现实经济增长的一种期望，同时也为我们提供了对未来经济走势的一种展望，一个试图看清未来、预测未来的基准情景。借由对经济增长的预期，很多研究，包括本书的后面章节都对与经济密切相关的其他趋势，如能源消费、碳排放、气候变化等进行了预测和展望。因此，经济平稳增长假设为研究未来经济增长和相关变化趋势提供了很好的基准情景工具。

1.2 气 候 变 化

随着人们生活水平的提高，各国对环境问题越来越重视。其中，气候变化作为全球共同面临的环境问题，成为世界各国政府、民众和学界普遍关注的热点。气候变化指的是气候系统的统计属性随时间发生改变的现象，其所考察的时间周期一般为长期尺度，从十年到百万年不等。学界对过去和未来气候的理解主要借助于实际观测和理论模型推演。气候系统的观测基于直接测量和卫星及其他平台的遥感手段。器测（instrumental record）时代对全球尺度温度和其他变量的观测始于 19 世纪中叶，1950 年以来的观测更为全面和丰富。古气候重建可使一些记录延伸到几百年乃至几百万年前，为我们提供了有关大气、海洋、冰冻圈和地表的变率和长期变化的综合视角。基于地球物理科学的大气环流模型（GCM）是理论推演的常用方法，可用于校准历史气候数据，预测未来气候变化以及理解气候变化的原因与影响等。

随着气候变化研究的深入，人们对气候变化的理解越来越清晰，虽然还存在着很多不确定性，但学界已对气候变化的趋势形成了基本一致的认识。政府间气候变化专门委员会（IPCC）针对气候变化研究共计完成了五次综合评估，在最新的第五次评估报告中指出，气候系统的变暖是毋庸置疑的。自 20 世纪 50 年代以来，观测到的许多变化在几

---

① 见王铮等（2010）所著《气候保护的经济学研究》一书附录。

十年乃至上千年时间里都是前所未有的。大气和海洋已变暖，积雪和冰量已减少，海平面已上升……这些变化与人类的经济活动息息相关，甚至将影响人类未来的生存问题。

1.2.1　气候变化起因

从本质来讲，全球变暖等一系列气候变化问题的根源在于，地球从太阳获得能量的速率快于其向宇宙空间散发的能量，破坏了地球系统的能量守恒。能量进一步通过风、洋流和其他机制在全球扩散，影响不同区域的气候特征。因此，从地球能量守恒的角度来看，影响地球气候系统的因素可分为两类，第一类影响因素是太阳辐射、地球轨道等的变化，造成到达地球的能量发生改变；第二类影响因素改变到达地球能量的扩散，减少地球能量向外扩散，如各种温室气体在大气中积累带来的温室效应（Tol，2014）。

自工业革命开始以来，人类活动对气候系统施加的影响越来越大。二氧化碳（CO_2）、甲烷（CH_4）和一氧化二氮（N_2O）这三种主要的温室气体在大气中的浓度显著上升，尤其是过去 150 年的增长趋势在近 12000 年的历史中显得极不寻常。这些温室气体分子可以透过可见光，却无法通过红外线。于是，太阳散发的能量（大多是可见光）可以轻易地穿透大气到达地球，而地表散发的热量（多数为红外辐射）则被温室气体分子吸收，或被反射回地球，使得地表温度升高。因此，人为温室气体排放增加已成为全球变暖的主要成因。

温室效应现象最早由 Fourier 于 1827 年发现，Tyndall 进一步对温室效应的原理进行了详细的阐述。Arrhenius（1896）估计认为，化石燃料燃烧将增加 CO_2 在大气中的浓度，带来温室效应的增强与地球的变暖。迄今为止，CO_2 是导致地球能量平衡改变的主要气体。而其他所有温室气体对辐射强迫的贡献只有 CO_2 的三分之二左右。

除 CO_2 之外，臭氧也是一种温室气体，但它不是由人类活动直接排放的，而是源于人类排放的某种物质在大气中的作用。由于交通和农业产生的污染物排放，带来近地表的臭氧浓度高于以往水平；而高空中的臭氧浓度由于氯氟碳化物的排放而低于历史水平。水蒸气同样也是温室气体，甚至是最重要的温室气体，但人类对其浓度的影响十分有限，主要是通过甲烷在大气中的分解间接增加了其在大气中的浓度。

此外，人类活动也会改变地球的反照率，即地球表面反射的能量比率。例如，煤烟、黑炭和烟灰等物质加深了冰雪表面的颜色，比历史时期吸收了更多的能量，带来冰雪的消融。而冰雪消融意味着冰雪的减少和地表颜色的加深，使这一过程进一步加剧。另外，颜色相对较深的树木已被较浅的草地所取代，这也会使反照率下降，带来地表温度的升高。

除了人类活动对气候系统的影响以外，自然因素也起到了一定的作用。例如，火山喷发可以给气候带来十分显著的短期影响，太阳辐射的能量输出具有周期性的变动趋势等，但相比温室气体带来的温室效应，这些自然因素产生的气候影响十分微不足道。

尽管已有研究对温室效应的原理和各种温室气体的升温潜力有了确定性的认识和测度，但气候变化本身仍存在很大的不确定性。全球升温幅度不仅取决于辐射强迫的强弱，还与气候系统的一系列反馈有密切关系。例如，气候变暖会增加空气中水蒸气的含量，而水蒸气作为一种温室气体又将进一步增加气候变暖的幅度；云的形成过程非常复杂，其一方面可以阻止太阳辐射到达地球,另一方面也会阻止地球热量向外散失。这些复杂的现象和动态反馈过程很难被气候模型描述。因此,虽然模型都可以近似地模拟当前的气候特征,但在预测未来气候趋势时却存在很大的不确定性,有可能得出完全不同的结果。

IPCC 第四次评估报告第一工作组对模型不确定性进行了研究,在全球、六大洲、陆地与海洋等多个空间尺度上,对两组情景进行了模型重构,并与实际观测结果进行比较,发现考虑人为与自然因素的模型重构结果与观测结果基本一致,而忽略人为因素后,观测结果则落入模型重构范围之外。由此说明,人为温室气体排放是全球变暖不容忽视的诱因。

从碳循环视角来看,在工业化时代之前,CO_2 的交换主要发生在大气、海洋与植被之间。这三个圈层分别存储着相当一部分 CO_2,随着植被的夏长秋亡,CO_2 的流量转化也非常可观。在自然过程中,化石燃料中存在着的另外一部分 CO_2 在碳循环中并未起到显著的作用。但是,随着人类的开采,这部分 CO_2 也流动起来,虽然相比自然过程中的碳流量而言,这部分 CO_2 总量相对较小,但自然界中并没有多余的吸收机制来消解这部分 CO_2。因此,CO_2 在大气中的积累越来越多,造成温室效应进一步加剧。

1.2.2 温室气体减排

为减缓温室效应带来的全球变暖趋势,必须减少温室气体排放,而进行温室气体减排的前提是要厘清温室气体排放的来源。图 1.1 给出了不同温室气体的相对贡献。

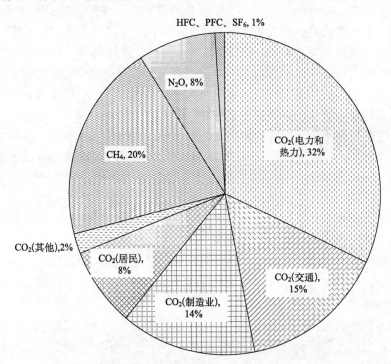

图 1.1　全球 2000 年温室气体排放贡献比例（Tol，2014）

如图 1.1 所示，CO_2 是最重要的人为温室气体，在所有温室气体排放中的贡献比例达到 71%。化石燃料燃烧是 CO_2 排放的主要排放源，化石燃料主要为碳氢化合物，其氧化过程释放能量，同时不可避免地产生 CO_2 排放。土地利用变化也是 CO_2 的重要排放源，随着森林被草地取代，植被中储存的 CO_2 减少，另外大量木材的燃烧也产生一定量的 CO_2 排放。水泥生产过程中石灰岩分解也伴随着 CO_2 排放。

其他温室气体，如 CH_4 排放主要来源于厌氧环境中的有机物分解，如水稻生长、牛羊等反刍动物消化以及垃圾填埋，化石燃料开采也伴随 CH_4 的泄露。N_2O 排放来源于农业土壤中氮肥的使用。因此可以说，温室气体排放，尤其是 CO_2 排放，与人类经济活动密切相关，是工业化以来经济增长不可避免的"副产品"。

Kaya 恒等式（Kaya，1989）从宏观角度揭示了导致排放的各种因素，同时也反映出减排的几种可行手段。

$$M \equiv P \cdot \frac{Y}{P} \cdot \frac{E}{Y} \cdot \frac{M}{E} \tag{1.1}$$

式中，M 表示排放量；等式右边四项分别代表人口、人均 GDP、能源强度（单位经济活动的能源消耗量）和排放强度（单位能源使用的排放量）。对该式两边取对数，并对时间求偏导可得

$$\frac{\partial \ln M}{\partial t} = \frac{\partial \ln P}{\partial t} + \frac{\partial \ln (Y/P)}{\partial t} + \frac{\partial \ln(E/Y)}{\partial t} + \frac{\partial \ln (M/E)}{\partial t} \tag{1.2}$$

由此可知，排放的增长率等于人口增长率、人均 GDP 增长率、能源强度增长率和排放强度增长率之和。Kaya 恒等式有助于解释历史排放趋势各驱动因子的贡献率，可以通过各驱动因子未来情景的假设预测未来的排放趋势。更为重要的是，Kaya 恒等式还揭示了减排的途径：减少人口或收入，降低能源强度或排放强度。

除了非洲一些残暴政权积极谋求减少其国内人口以外，很少有民主国家会以气候政策的名义来减少人口。虽然人口政策存在很大争议，中国通过长期实行计划生育政策已经避免了人口的急剧增长，为气候政策作出了较大的贡献。

另外，苏联解体和大萧条时期的历史数据表明，人均收入水平的下降可以有效地减少温室气体的排放，但是经济衰退与人类发展背道而驰，更不可能成为各国谋求的目标。因此，根据 Kaya 恒等式，减排只能通过提高能源使用效率和降低排放强度的手段来实现。

能源强度通常被解释为能源效率的提高，能源效率改进无论有无气候政策都将是一个必然趋势，因为能源投入意味着成本支出，未来降低能源支出，提高产品的竞争力，企业自身便有投资进行能源效率改进的动机。然而，能源效率改进并不意味着能源使用量的必然降低，由于能源效率改进带来了使用成本的下降，反而可能刺激能源使用量的增加，即反弹效应（rebound effect）。

除了能源效率以外，能源强度还与产业结构的调整有关：当高耗能行业在经济中的比重下降时，也将带来综合能源强度（式中第三项）的降低。排放强度则与能源结构中含碳能源的比重密切相关，当化石能源比重较高时，排放强度也较高。因此，提高可再生能源，如太阳能、风能、核能等的比重，是降低排放强度的主要途径。基于此，本书

将分能源效率、产业结构和能源结构三个篇章对中国的减排控制策略进行研究。

1.3 中国碳排放驱动因素

基于对碳排放驱动因素的历史发展趋势分析，我们发现：经济持续快速增长是造成能源消费和碳排放增长的主要因素；能源强度则在过去 30 年间持续下降，成为减缓 CO_2 排放的主要动力。同期结构变动对减缓碳排放的贡献较小，产业结构虽然出现了明显变化，但仅限于农业和其他服务业等非能源密集型产业，而工业、交通运输和建筑业部门的比重相对比较稳定，且建筑业比重还有明显提高；能源结构在过去 30 年没有明显改善，仍然延续以化石能源为主的趋势，但石油比重略有下降，相反，天然气和电力比重略有上升。

从已有对碳排放驱动因素的研究中，我们也可以看出类似的结论：Steckel 等（2011）认为 1971～2000 年中国经济高速发展对碳排放的贡献可由能源强度的稳步下降所抵消，但在 2000～2007 年，碳排放强度的增长导致排放总量的大幅上涨；Zhang（2000）发现 1980～1997 年经济增长和人口扩张促进了碳排放的增加，而能源强度的下降使中国至少减排了 432MtC；Wang 等（2005）通过分析 1957～2000 年我国碳排放的驱动因素，同样认为中国由于改进能源强度已经在很大程度上减少了碳排放增长。Zhang 等（2009）基于 1991～2006 年相关数据，认为能源强度的显著下降对减缓碳排放起到至关重要的作用，但是结构变化对减排的作用甚微。Hu 和 Huang（2008）基于 1990～2005 年的历史数据计算了我国碳排放的规模效应、结构效应和技术效应，分别为 15.76%、−0.86% 和 4.65%。

可见，从历史发展中可以得出结论：中国经济高速增长是碳排放快速增加的主要驱动因素，得益于能源强度的稳步降低，抵消了部分碳排放量。而产业结构和能源结构并未发生显著改变，一方面说明结构调整的难度较大，另一方面也说明通过结构调整可以带来较大的减排潜力。

1.4 平稳增长与减排的联系

如前所述，经济增长是人类发展的首要目标，减排不应以减少收入或降低经济增长为手段。或者更进一步说，经济平稳增长乃是实现减排的必要前提和基本保障。

首先，温室气体减排与减缓气候变化需要充足的资金支持和长期的技术储备。例如，旨在提高能源使用效率的高效能源利用技术的开发应用、新能源技术的研发推广以及 CCS 技术实现碳收集和储存等减排措施，从理论提出到技术可行，需要投入大量的前期研发费用；从技术可行到经济可行，又需要长期的推广试行等成本投入。而这些投入必须要有实力雄厚的经济作为支撑和保障，这也是为什么欧盟等发达国家积极领导全球减排的原因。因此，经济的平稳增长是减排技术与资金得到长期持续供应的基础。中国近年来经济的高速稳定发展也为其承诺更高的减排目标提供了底气，当前，中国在核能、太阳能等新能源技术领域已经取得了瞩目的成绩，其产品也已在国际市场占据显著的地位。

其次，经济增长是消除贫困、保障就业和维系社会稳定的重要手段，因此，成为了一国政府的首要目标。只有满足了生存需要，人们才会对环境提出更高的需求。在经济萧条或出现经济危机时，社会对减排的关注和减排目标的预期也会降低。例如，2009 年日本政府在哥本哈根作出了"到 2020 年温室气体排放量比 1990 年减少 25% 的承诺"，但是随着日本经济的衰落，尤其是全球金融危机之后，日本经济进一步恶化，2013 年日本将这一减排目标修改为"在 2005 年基础上减排 3.8%"，调整后的目标相当于在 1990 年基础上增加 3.1%。同样受金融危机影响，欧盟承诺"到 2030 年将在 1990 年基础上至少减排 40%"，与此前"到 2020 年在 1990 年基础上减排 20%"的目标相比，新的减排目标过于保守，因为欧洲环境署的官方数据显示，2012 年欧盟温室气体排放量已比 1990 年的降低了 19.2%，基本实现了 2020 年的减排目标。由此可见，经济增长的不良表现和悲观前景往往带来减排目标的倒退，不利于减排行动的实施。

此外，经济平稳增长也是中国实现经济结构转型的要求，也有助于温室气体减排。过去 30 多年，中国经济经历了高速发展，但是经济增长过于粗放，资源消耗和能源使用效率都远高于美国、日本等发达国家，导致我国碳排放量近年显著增长。与此同时，随着中国减排压力的增大，对通过经济结构转型实现可持续发展的"低碳经济"、"绿色经济"越来越青睐。2015 年的中国政府工作报告中明确提出，要依靠稳增长、调结构来应对日益加大的资源环境约束。为此，中国正从追求增长速度向提高增长质量转变，在维持宏观经济稳定的前提下，适当下调增长速度至 7% 的水平，以实现较为充分的就业，加快经济结构调整，做好节能减排和环境治理攻坚战。

因此，基于以上分析，本书在模拟研究减排控制策略时，均将在经济平稳增长的假设基础上展开，探讨经济平稳增长路径上的最优减排控制策略，从而保障中国在完成碳减排的国际义务时，不引发经济危机。

第2章　平稳增长模型框架

工业革命以来，能源已成为一种重要的生产要素，能源（主要是化石能源）的使用在大幅提高生产效率的同时，也不可避免地排放出大量的 CO_2，成为全球变暖的元凶。根据 IEA（2006）提供的数据显示，化石燃料燃烧所排放的 CO_2 占全球总排放的 80%。因此，为了评估未来全球气候变化的趋势以及制订减排目标和气候政策的需要，很多研究都对未来碳排放的趋势进行了预测。

根据碳排放预测方法的不同，已有研究大致可以分为两类：一是经济计量学方法，二是因素分解模型方法。两者都是将碳排放归因于某些驱动因素，建立这些驱动因素与碳排放之间的关系，并借助于对所有驱动因素的趋势预测，来间接获得碳排放的未来趋势。Schmalensee 等（1998）、Auffhammer 和 Carson（2008）利用经济计量方法估计出碳排放与诸如人口、收入水平、GDP、城市化率、人均汽车拥有量等要素之间的历史回归关系，进而推演出未来的碳排放趋势。Guan 等（2008）利用因素分解模型，结合 IPAT 模型与 SDA 方法对碳排放因素进行分解，最后针对各因素进行情景设置得出未来的碳排放趋势。

然而，基于计量模型得到的回归关系只是刻画了历史时期碳排放与各相关因素之间的关系，将这种关系推演到未来时期的可靠度大大降低。两种预测方法存在的共同问题在于，割裂地看待各驱动因素之间的关系，如计量模型本身就暗含自变量之间独立不相关的假设，IPAT 及后来的 Kaya 分解模型在对驱动因素进行情景设置时也是分别对各因素进行设置，没有考虑它们之间的相互联系，从而易导致所设置情景存在相互矛盾的情况出现。

为此，我们需要综合考虑各因素的相互影响。所幸的是，平稳增长模型框架为我们提供了这样一个平台：未来人口变化将影响劳动力供给，劳动要素的改变将影响经济增长；资本积累由每期投资量逐年累积，每期资本和劳动力投入都将决定经济增长走势；能源效率由技术进步速度决定，能源投入量影响经济增长速率，同样经济增长速度也影响能源消费量。由此可见，根据历史数据和对未来的预期简单设定一个经济增长速率无法令人信服，必须考虑资本、人口以及能源等多种要素之间的相互作用。最后，能源结构的演变决定了排放强度如何变动，进而决定了未来的排放趋势。朱永彬等（2009）给出了一个平稳增长模型框架原型，并据此对排放趋势进行预测，其模型结构流程如图 2.1 所示。从原理上讲，图 2.1 给出的是一个国家在经济平稳增长路径下的碳排放需求，即在经济平稳增长轨道上的基准排放路径。因此，该碳排放路径具有现实可行性。

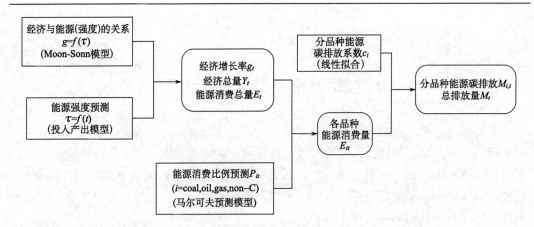

图 2.1　平稳增长框架下碳排放趋势预测流程图（据王铮等（2010）简化）

2.1　基础模型

由于人类早期的经济活动只发生在种植、养殖以及手工业等产业部门，因此最早的经济增长模型仅将劳动力看作生产要素。工业革命以来，机器的使用大大提高了劳动者的生产效率，而机器所代表的资本在生产过程中发挥出越来越重要的作用。20 世纪 70 年代的一场能源危机，使人们认识到能源在经济发展中所扮演的重要角色，能源也成为继资本、劳动力两大传统生产要素之后的又一重要的生产要素。鉴于此，Rashe 和 Tatom（1977）首次将能源引入生产函数，揭示了能源投入在经济产出中的作用；Moon 和 Sonn（1996）在开放经济下，进一步将能源投入内生化，利用跨期内生经济增长模型，研究了能源投入对经济增长率及储蓄率的影响，并分析了能源价格对最优经济增长率的影响。接下来的分析就以 Moon-Sonn 模型为框架展开，为此我们首先对其进行简单的介绍。

2.1.1　Moon-Sonn 模型

该模型遵循最优经济增长理论的假设，即将国家看作一个整体，社会仅生产一种产品，该产品既可用于消费，又可用于投资。为了研究能源与经济产出之间的关系，Moon 和 Sonn（1996）将能源也视为一种生产要素，与资本投入一起引入生产函数，生产函数采用如下 Cobb-Douglas 形式：

$$Y_t = AK_t^\alpha E_t^{1-\alpha} \qquad 0 < \alpha < 1 \tag{2.1}$$

式中，Y_t 表示经济总产出；E_t 为能源投入；K_t 为资本投入（包括物质资本和人力资本）；A_t 表示全要素生产率。定义能源强度 τ_t 为生产一单位经济产出所需投入的能源量，表示为能源投入与经济产出之比，即

$$\tau_t = E_t / Y_t \tag{2.2}$$

鉴于很多工业化国家依赖石油出口国作为国内能源需求的主要来源。因此，模型假设开放经济体的能源投入完全依赖进口。于是，该国的可支配收入为总产出扣除能源进

口支出后的部分。其中，能源支出可以定义为

$$R_t = b_t E_t = b_t \tau_t Y_t \tag{2.3}$$

式中，b_t 为外生给定的世界市场能源价格。扣减掉能源支出后的最终产出，将在投资与消费之间进行分配，即产出的 $(1-b\tau)$ 部分。由于资源的稀缺性，用于能源支出、投资和消费的产出总量有限。预算约束下的资本积累方程可表示为

$$\dot{K}_t = Y_t - R_t - C_t = (1 - b_t \tau_t) Y_t - C_t \tag{2.4}$$

社会计划者的目标，是在此预算约束下确定每期的消费量以使整个社会福利最大化，也就是使社会成员未来消费所获得的效用现值之和最大，即

$$\max \int_0^\infty U(C_t) e^{-\rho t} dt = \int_0^\infty e^{-\rho t} \left(C_t^{1-\sigma} - 1 \right) \big/ (1-\sigma) dt \tag{2.5}$$

式中，C_t 为社会消费总量；σ 是风险厌恶系数（σ^{-1} 也即消费的跨时替代弹性）；ρ 为时间偏好率。

最后，Moon-Sonn 模型即转化为求解如下最优控制问题：

$$\max \int_0^\infty e^{-\rho t} \left(C_t^{1-\sigma} - 1 \right) \big/ (1-\sigma) dt$$
$$\text{s.t.} \quad \dot{K}_t = (1 - b\tau_t) Y_t - C_t \tag{2.6}$$

该模型很好地揭示了能源（强度）与经济最优平稳增长率之间的动态关系，从理论上验证了经济平稳增长率随能源强度呈现先上升后下降的倒 U 型曲线关系。同时，Moon-Sonn 模型做了很多较强的假设。因此，在利用该模型进行模拟预测时需要对其进行相应的改进。

2.1.2　模型改进

为简化起见，Moon-Sonn 模型认为物质资本与人力资本之间可以完全替代，对最终产出具有相同的产出弹性。这一假设与我国经济发展中，尤其是改革开放、吸引外资之前，劳动力过剩和资本严重不足导致生产水平低下的国情严重不符。因为如果按照 Moon-Sonn 的假设，我国完全可以凭借充足的劳动力来弥补资本的不足，创造出与资本同等的产出水平，然而事实是我国经济水平远远落后于资本充足的发达国家。

此外，随着产业结构的升级，经济增长的动力已由劳动和资本转向了科学技术，技术进步逐渐成为现代经济的第一大生产力。因此，朱永彬等（2009）对 Moon-Sonn 模型进行了改进，改进后的模型将劳动力引入生产函数，同时将技术进步考虑进去，反映在全要素生产率随时间呈指数增长上，从而改进后的生产函数为

$$Y_t = A_0 e^{vt} K_t^\alpha E_t^{1-\alpha} L_t^\gamma \qquad 0 < \alpha < 1 \tag{2.7}$$

式中，v 为全要素生产率的年增长速度，反映技术进步促进生产效率的提高；L_t 为劳动力要素投入，其他变量意义同式（2.1）。将能源强度的定义式（2.2）代入改进后的生产函数，得到新的生产函数为

$$Y_t = \left(A_0 e^{vt} \right)^{1/\alpha} K_t \tau_t^{(1-\alpha)/\alpha} L_t^{\gamma/\alpha} \qquad 0 < \alpha < 1 \tag{2.8}$$

　　此外，能源完全依赖进口是一个很强的假设。由于我国既是能源消费大国，也是能源生产大国，根据《统计公报 2005》有关数据显示，2005 年中国一次能源自给率达 92.8%，进口依存度仅为 7.2%；中国统计年鉴数据显示，2014 年中国能源消费总量为 42.6 亿吨标煤，能源生产总量为 36 亿吨标煤，能源净进口量约为消费总量的 15%。尽管能源对外依存度近 10 年有了很大的提高，但能源自给仍是满足中国能源消费需求的主力。因此，这一假设显然不符合我国实际。在改进的模型中，我们假设能源部分依赖进口，从而能源支出变为

$$R_t = p_{d,t} s_t E_t + p_{a,t} (1 - s_t) E_t \tag{2.9}$$

式中，$p_{d,t}$ 表示能源的国内价格；$p_{a,t}$ 表示能源的进口价格；s 为能源的自给比例。为了简便起见，我们用 θ 表示能源的平均综合使用成本：

$$\theta_t = p_{d,t} s_t + p_{a,t} (1 - s_t) \tag{2.10}$$

　　为避免混淆，我们做如下规定：最终产出在每期的期末生产出来，在下一期的期初，社会计划者确定如何在消费、资本投资和能源投入之间进行分配。于是，考虑资本折旧和能源部分依赖进口后的资本积累方程变为

$$\dot{K}_t = Y_t - \delta K_t - R_t - C_t = (1 - \theta \tau_t) Y_t - \delta K_t - C_t \tag{2.11}$$

式中，δ 为资本折旧率。值得注意的是，产出中的能源支出比例 $\theta \tau_t$ 必须小于 1，以便还有剩余部分用于投资和消费。

　　同样地，遵循最优经济增长模型的古典假设，社会计划者的目标是最大化未来各期社会福利的现值之和：

$$\max U = \int_0^\infty u(c_t) N_t \mathrm{e}^{-\rho t} \mathrm{d}t \tag{2.12}$$

式中，N_t 表示社会人口总量；$u(\cdot)$ 为每个社会成员的效用函数；c_t 代表每个社会成员的消费量；ρ 为时间偏好率。一般地，每个成员的效用指的是他通过消费获得的生活水平改善的程度。通常假设效用函数是递增的凹函数，即消费量越多，获得的效用越大，但增加的每单位消费所得到的边际效用递减，为此，我们仍然沿袭 Moon-Sonn 模型使用的常数相对风险厌恶（CRRA）假设，写为如下形式：

$$u(c_t) = (c_t^{1-\sigma} - 1)/(1-\sigma) \tag{2.13}$$

　　由于在改进的模型中我们加入了劳动力，所以，有必要对社会总人口及劳动力进行区分。假设社会总人口为 N_t，就业人口占总人口的比重，即劳动参与率为 ω，未来人口平均年增长率为 n。则 t 年的人口与劳动力分别为

$$N_t = N_0 \mathrm{e}^{nt} \tag{2.14}$$

$$L_t = \omega_t N_t \tag{2.15}$$

为此，将式（2.13）代入式（2.12），可将目标函数重新改写为如下形式：

$$\max U = \int_0^\infty N_0^\sigma \mathrm{e}^{(n\sigma - \rho)t} C_t^{1-\sigma} / (1-\sigma) \mathrm{d}t \tag{2.16}$$

式中，N_0 为期初的人口数量。于是，改进后的模型变为如下最优控制问题：

$$\max \int_0^\infty \left(N_0^\sigma e^{(n\sigma-\rho)t} C_t^{1-\sigma} - N_0 e^{(n-\rho)t} \right) \Big/ (1-\sigma) \, \mathrm{d}t \tag{2.17}$$
$$\text{s.t.} \quad \dot{K}(t) = \left(1 - \theta \tau_t\right) Y_t - \delta K_t - C_t$$

2.1.3　平稳增长机制

不同经济增长模型对平稳增长的理解也存在差异：Solow 模型所指的平稳增长路径为有效劳动力、资本存量和总产出均以相同的速度增长，即单位有效劳动力的资本和产出保持不变；而以 Ramsey 模型为代表的新古典增长理论则将平稳增长路径定义为消费增长与产出增长相适应，两者增长率保持同步，由此避免了消费不足和消费过剩的问题发生。本书更倾向于后者所指的平稳增长，因为前者的平稳增长路径过于理想，放弃要素与产出增速相等的假设有利于资源得到更高效的配置，实现帕累托改进的效率目标。

2.2　模　型　求　解

平稳增长模型（2.17）可以看作是一个最优控制问题，其求解可以借助于最优控制问题的求解方法来进行。首先，构造 Hamilton 函数如下：

$$H = \left(N_0^\sigma e^{(n\sigma-\rho)t} C_t^{1-\sigma} - N_0 e^{(n-\rho)t} \right) \Big/ (1-\sigma) + \lambda \dot{K}_t \tag{2.18}$$

式中，λ 为资本的影子价格。在该控制问题中，消费量 C_t 为控制变量，资本存量 K_t 为状态变量。求解原理是通过选取合适的控制变量——每期的消费量 C_t，进而确定状态变量——资本存量的路径，以使由此确定的经济增长路径能够保证社会成员所获得的效用现值之和最大。原最优控制问题式（2.17）转化为 Hamilton 函数求极值问题，接下来利用最优控制问题的一阶条件进行求解：

$$\begin{cases} \dfrac{\partial H}{\partial C} = 0 \\[2mm] \dfrac{\partial H}{\partial K} = -\dot{\lambda} \end{cases} \tag{2.19}$$

即

$$\begin{cases} N_0^\sigma e^{(n\sigma-\rho)t} C_t^{-\sigma} = \lambda \\[2mm] \dot{\lambda} = -\lambda \left[\left(1 - \theta_t \tau_t\right) \left(A_0 \, e^{vt} \right)^{1/\alpha} \tau_t^{(1-\alpha)/\alpha} L_t^{\gamma/\alpha} - \delta \right] \end{cases} \tag{2.20}$$

进一步对方程组（2.20）中的第一个方程两边取对数，求时间的导数，与第二个方程联立，得到

$$g_C = \dot{C} \big/ C = \left(n - (\rho + \delta)/\sigma\right) + \left[\left(1 - \theta_t \tau_t\right) \left(A_0 e^{vt} \right)^{1/\alpha} \tau_t^{(1-\alpha)/\alpha} L_t^{\gamma/\alpha} \right] \Big/ \sigma \tag{2.21}$$

式（2.21）即为消费的最优增长率，之所以称之为"最优"，是因为该消费路径所对应的社会效用最大，社会成员所获得的福利最多。根据平稳增长机制，在平稳增长路径上，消费的增长率应与经济增长率一致，因此，式（2.21）也称为经济的最优平稳增

长路径。

2.3　数据来源及参数估计

以上完成了经济最优平稳增长模型的理论推导，为了在该框架下研究中国未来经济平稳增长路径，以及相应的能源消费量和碳排放量趋势，需要首先对模型中的参数进行估计，同时外生给出关于人口和能源强度的走势，以便代入式（2.21）中得到经济增长率。

2.3.1　生产函数参数

各生产要素的产出弹性以及初始技术水平和技术进步速率可由生产函数的统计模型回归得出。对式（2.7）进行变换，得到用于参数估计的统计模型：

$$Y' = a + vt + \alpha K' + \gamma L' + \varepsilon \qquad (2.22)$$

式中，$Y' = \ln(Y / E)$，$a = \ln(A_0)$，$K' = \ln(K / E)$，$L' = \ln(L)$，ε 为残差项。经济产出 Y 的数据采用中国国内生产总值 GDP；劳动力采用历年中国统计年鉴中的年底从业人员数；能源消费量数据来自历年的《中国能源统计年鉴》。在对资本存量的核算上，由于没有直接数据，这里采用 GoldSmith（1951）开创的永续盘存法，沿用张军等（2004）对各变量意义的解释及对资本核算相关参数的测算重新计算得到。最终将 GDP 和资本存量换算为 2000 年的可比价格，各变量均取 1978～2009 年的时间序列作为样本数据。

利用上述数据对式（2.22）进行回归分析，参数估计结果如表 2.1 所示。

表 2.1　生产函数参数估计结果

参数	参数值	t 值	显著性水平
a	−4.1049	−2.250	0.034
v	0.0001	0.018	0.986
α	0.7815	6.355	0.000
γ	0.3902	2.558	0.017

由表 2.1 可以看出，模型中除全要素生产率 A 的增长率 v 不能通过显著性检验外，其余各参数均通过了 5% 的显著性检验，而且模型的整体拟合优度也达到了 0.989，从统计意义上该结果基本可以接受。同时，得到资本、劳动力和能源的产出弹性分别为 0.802、0.372、0.198，虽然全要素生产率的变动不太明显，但为了考察技术进步对产出的影响，仍将其保留在模型中，形式为

$$A = 0.01649 \times e^{0.000144t} \quad (t_{1977} = 0) \qquad (2.23)$$

2.3.2　总人口及劳动力

中国未来总人口数据来自联合国经济与社会事务部发布的人口预测 *World*

Population Prospects: The 2010 Revision，劳动力数据则根据总人口与劳动参与率计算得到（表 2.2）。模型中的人口增长率与劳动参与率 n，ω 的取值根据这些数据也可获得。

表 2.2　2015～2050 年人口及劳动力预测数据

年份	总人口/万人	从业人口/万人	年份	总人口/万人	从业人口/万人	年份	总人口/万人	从业人口/万人
2015	136,974	77,117	2027	139,551	71,590	2039	136,575	64,054
2016	137,425	75,446	2028	139,508	71,567	2040	136,091	63,827
2017	137,829	75,668	2029	139,426	71,526	2041	135,572	60,872
2018	138,189	75,866	2030	139,308	71,465	2042	135,020	60,624
2019	138,505	76,039	2031	139,152	68,324	2043	134,437	60,362
2020	138,779	76,190	2032	138,959	68,229	2044	133,822	60,086
2021	139,011	73,954	2033	138,730	68,116	2045	133,177	59,796
2022	139,201	74,055	2034	138,463	67,985	2046	132,503	56,579
2023	139,348	74,133	2035	138,159	67,836	2047	131,802	56,279
2024	139,456	74,191	2036	137,817	64,636	2048	131,076	55,969
2025	139,526	74,228	2037	137,439	64,459	2049	130,328	55,650
2026	139,557	71,593	2038	137,025	64,265	2050	129,560	55,322

2.3.3　效用函数参数

对于效用函数中的参数 σ 和 ρ，由于没有关于效用函数的具体量化指标，所以不能通过现有数据进行估算，只得采用校准方法得到其取值。校准原则是使根据式（2.21）计算得到的经济增长率与实际观测的经济增长率尽可能一致。当取 $\sigma=2.5$，$\rho=0.076$ 时，模拟得到的 2014 年经济增长率为 7.34%，与实际值非常接近。同时，这两项取值也反映出我国居民具有风险规避型的特征，并且较高的时间偏好率意味着对未来不确定性的悲观，表现为对当期消费的更高意愿和潜力。

2.3.4　折旧与能源进口综合成本

资本折旧率采用张军等（2004）对固定资本折旧率的测算值 9.6%。对于能源投入的单位成本 θ，由于不同时期世界市场的能源价格瞬息万变以及国家对进口能源比例时刻不断地调整，使得对 θ 的估计变得十分复杂，简单的平均不能很好地适用于我们的模型，因此，我们根据推导出的最优增长率与能源强度关系进行拟合得出：令式（2.21）对能源强度的导数为零，可得

$$\frac{\mathrm{d}g}{\mathrm{d}\tau}=0 \Rightarrow \tau^* = (1-\alpha)/\theta \tag{2.24}$$

由最优经济增长率达到最大时所对应的能源强度式（2.24），选取近年的能源强度与经济增长率数据进行拟合，得出近期能源平均综合使用成本为 1751 元/toe。

2.4　平稳增长路径

在能源强度 τ 未来趋势已知的前提下，我们可以根据经济最优增长率与能源强度之间的关系（2.21）得到经济增长率随时间变动的情况。因此，接下来首先需要对能源强度进行预测。

2.4.1　能源强度预测

众所周知，中国自改革开放以来经历了并正在经历显著的经济结构转型：第一产业的比重从 1990 年的 27.1%下降至 2014 年的 9.2%，而第二产业和第三产业也相应地从 41.3%和 31.6%调整为 42.6%和 48.2%。考虑到不同产业所具有的不同能源密集度差异，以及能源效率提高速率的不同，产业结构的剧烈调整必然影响全社会总的能源需求。因此，在对能源强度进行预测时，需要考虑产业结构的变动。在此，受统计水平的限制，我们仅能将经济区分为传统的三大产业，并假设各产业的能源强度均服从AEEI 呈指数下降趋势。

根据历史数据可以计算得到三大产业各自的能源强度。其中，能源消费数据来自《中国能源统计年鉴》中的"分行业能源消费总量"表，为使各产业能源消费总量之和与我国能源消费总量数据相一致，消除统计误差，我们在计算三大产业能源消费量数据时，首先由"分行业能源消费总量"表计算得到各产业的能源消耗比例，然后按照该比例对我国总能源消费量进行分配。三大产业的经济产出数据同样根据《中国统计年鉴》中"国内生产总值构成"表中各产业的比例以及 GDP 总量相乘得到。根据三大产业能源强度历史数据，王铮等（2010）拟合得到各自的变动趋势为

$$\tau_1 = 0.0046e^{-0.033t} \quad \left(R^2 = 0.627 \right) \tag{2.25}$$

$$\tau_2 = 0.0403e^{-0.037t} \quad \left(R^2 = 0.864 \right) \tag{2.26}$$

$$\tau_3 = 0.0074e^{-0.031t} \quad \left(R^2 = 0.870 \right) \tag{2.27}$$

以上三式的拟合优度都非常高，通过了显著性检验。此外，从参数结果来看，第一产业的初始能源强度最低，相应的下降速率也最为缓慢；第二产业初始能源强度最高，但下降速率也最快，原因在于能量密集部门主要集中在第二产业（如制造业、金属、水泥和电力等），而且技术进步也更多地发生在第二产业上；第三产业的初始能源强度及其下降速度均处于中间水平。

若假设产业结构演化遵循各态历经及无后效性，那么可以利用马尔科夫模型对产业结构进行预测。由此得到未来产业结构演化路径，如表 2.3 所示。

由表 2.3 中我国产业结构的演变趋势来看，未来我国第一产业和第二产业的比重都在逐渐减少，分别由 2015 年的 9.0%和 42.4%降低到 2050 年的 3.9%和 36.3%，而第三产业的比重有较大程度的上升，从 48.6%上升到 59.8%。而且，产业结构在最初几年演变得较快，而后逐渐趋于稳定。

表 2.3　未来主要年份我国的产业结构 　　（单位：%）

年份	一产	二产	三产	年份	一产	二产	三产
2015	9.0	42.4	48.6	2020	8.0	41.5	50.5
2025	7.1	40.6	52.3	2030	6.3	39.7	54.0
2035	5.6	38.8	55.6	2040	5.0	37.9	57.1
2045	4.4	37.1	58.5	2050	3.9	36.3	59.8

由能源强度的定义可知，反映产业结构的社会综合能源强度为

$$\tau = \tau_1 g_1 + \tau_2 g_2 + \tau_3 g_3 \tag{2.28}$$

式中，g_1、g_2、g_3 分别为第一、二、三产业的产业结构比重；τ_1、τ_2、τ_3 分别为第一、二、三产业的能源强度。至此，反映产业之间能源强度差异及产业结构演变后的综合能源强度，可以通过如下步骤得到：首先通过式（2.25）至式（2.27）分别对三大产业未来的能源强度进行预测，进而利用式（2.28）以及未来的产业结构数据计算得到。

2.4.2　经济增长路径

在经济系统参数给定的前提下，未来各年的经济平稳增长率与当年的能源强度存在确定的函数关系，如式（2.21）所示。随着产业结构预期向能源密集度较低的第三产业转移，以及技术进步带来能源效率的不断改进，全社会综合能源强度将呈持续下降的趋势。根据前面的测算，2020 年能源强度将比 2005 年下降 45%，2030 年能源强度比 2005年下降 62%，2050 年能源强度比 2005 年下降 82%。计算得到的平稳经济增长路径如图2.2 所示。

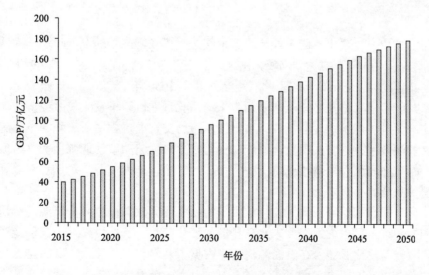

图 2.2　中国 2015~2050 年 GDP 的平稳增长路径

受劳动力要素减少、资本边际报酬递减以及能源投入降低等因素的共同作用，未来经济最优平稳增长率将逐渐回落，进入"新常态"发展阶段。相应的，GDP 总量从 2015

年的 40 万亿元（2000 年价格，下同）增长到 2050 年的 180 万亿元，可以实现翻两番的增长。届时，中国人均 GDP 将达到 13.8 万元。若以现价美元进行衡量，2014 年中美 GDP 分别为 10.36 万亿元和 17.42 万亿元（世界银行数据），如果中国经济按我们预测的增长速度发展，中国将在 2022 年达到美国 2014 年的 GDP 总量。

2.5　能源与排放趋势

根据能源强度的定义，能源消费量可由 GDP 和能源强度的乘积计算得到。当 GDP 的增长速度逐渐回落到能源强度的下降速度之后，能源消费总量将呈下降趋势，而该转折点即为能源消费高峰。通过计算，未来能源消费量呈现如图 2.3 的趋势。

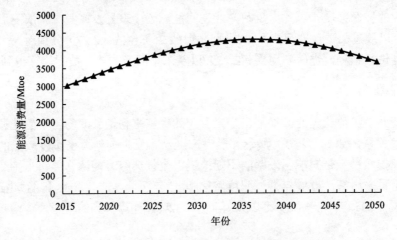

图 2.3　中国 2015～2050 年能源消费量变化趋势

从图 2.3 中可以看出，随着经济增速放缓进入"新常态"的发展阶段，中国能源消费量预计会在 2035 年左右达到高峰，在这之前还将继续增长，从 2015 年的约 3000Mtoe 增加到高峰年的 4300Mtoe 左右，此后逐渐回落至 2050 年的 3700Mtoe 水平上。需要指出的是，此能源消费路径是在对未来经济平稳增长预期，即不发生较大经济波动的前提下得到的。而且，能源强度的下降速率继续沿袭历史发展过程中所表现的下降趋势。如果在未来能源效率改进空间缩小，或能源价格发生较大波动致使能源消费行为改变的情况下，例如，能源价格大幅降低释放较大能源需求动能，未来能源消费量还将继续增长，使能源消费高峰推后。

由于化石能源的使用，向大气排放大量的 CO_2。因此，根据未来能源消费趋势和对能源结构的预期，可以大致得到未来碳排放的变化趋势。长期以来，中国的能源消费严重依赖化石能源，化石能源在总能源消费中占据了 90% 以上的比重，其中排放量最大的煤炭比重在 70% 左右，更加剧了 CO_2 的排放。而且，能源结构的这一特征在过去几十年里并没有发生明显变化。然而，随着人类社会对气候变化趋势的关切程度不断提高，以及政府在应对气候变化和降低碳排放方面的努力，能源结构已经开始出现调整的迹象。

2014 年，煤炭的消费比重降至 66%，石油比重从最高的 22% 降至 17%，相对较清洁的化石能源天然气取代部分煤和石油，消费比重呈不断上升趋势，从之前不足 2% 提高到 5.6%；非化石能源，包括核能、风能和水能等的比重则首次突破 10%，达到 10.9%。

　　能源结构的变化，一方面有自然演变的因素，如随着开采量和储量的相对变化，不同能源品种的市场价格将发生改变，使得化石能源逐渐向非化石能源转变，即使在化石能源内部，不同能源品种之间也将发生一系列替代的过程。这方面因素我们仍采用与产业结构类似的演变预测方法，即利用马尔科夫转移矩阵来捕捉这一趋势。另一方面，为减缓温室气体排放带来的气候变化趋势，针对能源结构，中国制订了明确的发展目标：2020 年非化石能源占一次能源消费的比重达到 15% 左右，到 2020 年达到 20% 左右。这些发展目标都将显著影响中国未来的碳排放趋势。为了说明这些目标的减排效果，我们可以分：①基准情景，即不考虑能源结构政策目标，能源结构按自然趋势进行演变；②政策情景，即考虑政策目标后的能源结构演化，来对比分析未来碳排放的变化趋势。表 2.4 给出了主要年份中国能源结构演变结果。

表 2.4　未来主要年份中国的能源结构　　　　　（单位：%）

年份	基准情景				政策情景			
	煤炭	石油	天然气	非化石	煤炭	石油	天然气	非化石
2015	65.6	17.6	5.7	11.2	65.4	17.5	5.6	11.5
2020	63.7	17.7	6.1	12.5	61.9	17.2	6.0	15.0
2025	62.1	17.6	6.7	13.7	59.4	16.8	6.4	17.3
2030	60.6	17.3	7.3	14.7	56.9	16.2	6.9	20.0
2035	59.3	17.0	7.9	15.8	54.7	15.7	7.3	22.4
2040	58.0	16.7	8.5	16.8	52.3	15.0	7.6	25.0
2045	56.8	16.3	9.0	17.9	50.2	14.4	8.0	27.4
2050	55.6	16.0	9.6	18.9	47.9	13.8	8.3	30.0

　　从表 2.4 中可以发现，在未考虑政策目标之前，煤炭和石油在一次能源消费中的比重就将呈下降趋势，其中尤以煤炭最为显著，2015～2050 年降低近 10 个百分点；天然气和非化石能源的比重将不断提升，分别提高 4 个百分点和 8 个百分点。而在政策情景中，由于对非化石能源设定了较为远大的目标，因此，将对化石能源实现很大程度的替代。相比基准情景，煤炭、石油和天然气的消费比重都将出现进一步下降。基于两种情景的碳排放曲线如图 2.4 所示。

　　从图 2.4 中可以看出，政策情景将带来碳排放曲线向下移动，使其与基准情景之间的差距逐渐增大，同时碳排放峰值出现的时点也向前移动。计算结果显示，基准情景下的碳排放高峰将在 2035 年出现，能源结构调整政策将使其提前到 2032 年左右。高峰排放量也从基准情景中的 3300MtC 左右下降到 3080MtC 左右。因此，通过能源结构可以有效降低碳排放量，但排放高峰年份仍主要取决于能源消费趋势。在中国设定的较为远大的能源替代政策目标下，碳排放高峰也仅仅比基准情况提前了 3 年，而累积排放量在

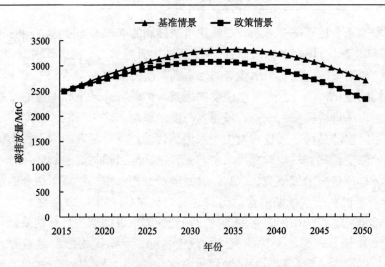

图 2.4　中国 2015～2050 年碳排放量变化趋势

2015～2050 年却可以减少向大气排放 7800MtC，相当于三年的排放量（2014 年排放水平）。同时，政策情景中 2020 年的碳排放量为 2740MtC，基本控制在百亿吨 CO_2 以内，与中国承诺的"将 2016～2020 年每年碳排放控制在百亿吨以下"相一致。

2.6　小　　结

　　本章对 Ramsey 模型进行扩展，在 Moon-Sonn 模型基础上进行适当改进，提出了针对能源和碳排放建模的经济平稳增长一般模型框架。在平稳增长机制下，推导得出了经济最优平稳增长率与能源强度之间的函数关系。进一步地，在对模型参数进行估计和校准的基础上，对中国未来经济平稳增长路径进行了模拟，同时计算了与此对应的能源消费路径以及碳排放路径。

　　在此基本模型框架中，同时考虑了产业结构演化、能源强度/效率改进和能源结构演变等影响碳排放的因素。但这些因素的引入均是基于历史数据表现出的规律特征，进行统计后推，而后将其未来演变趋势外生引入模型框架的。因此，本章所得到的经济平稳增长路径及能源和排放路径可以看作不加减排目标或政策干预的一条基准发展路径。而在接下来的篇章中，这些因素将逐一内生化：分析各自内生机制、建模并引入最优控制模型，最后在减排目标约束下模拟这些因素的最优控制路径，研究经济平稳增长路径下的最优减排控制策略。

第一篇　能源效率篇

第 3 章　引入能源效率的平稳增长控制模型

气候变化已成为世界各国面临的共同挑战之一。1992 年，《联合国气候变化框架公约》通过，成为世界上首个应对气候变化、控制温室气体排放的国际公约。自1995 年以来，该公约缔约方每年召开气候变化大会评估应对气候变化的进展，针对合作减排进行谈判。1997 年，首部具有法律约束力的减排责任文件——《京都议定书》达成，使温室气体减排成为发达国家的法律义务。2007 年，各方通过了《巴厘路线图》，旨在对《京都议定书》到期后的减排义务进行分担。根据其规定，将在2009 年哥本哈根第 15 届缔约方会议上达成一份新的《哥本哈根议定书》，以取代 2012到期的《京都议定书》。

2009 年哥本哈根气候大会前夕，各主要国家纷纷提出各自的减排目标，对 2020年的减排作出承诺（如图 3.1 所示）。其中，中国和印度两个发展中国家提出的自愿减排承诺均是针对排放强度这一指标，发达国家则对绝对减排量作出了规定。尽管所有国家作出的减排承诺加起来仍无法实现 2100 年全球升温控制在 2℃的目标，但各国积极响应应对气候变化、彰显负责任大国形象的做法，在客观上起到了深入推进减排合作的作用。

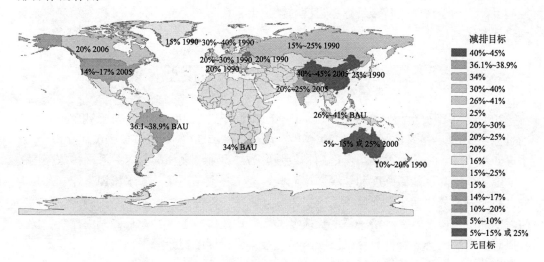

图 3.1　各国 2009 年哥本哈根会议期间承诺的减排目标

除中国与印度提出的是排放强度目标之外，其余均为总量目标，灰色区域国家未提出减排目标

鉴于此，联合国政府间气候变化专门委员会呼吁各国在 2015 年 3 月底前提交各自的自主减排承诺（如表 3.1 所示），对 2030 年的减排目标作出详细说明。其中，中国对 2030年的排放强度目标作出了进一步承诺。

在国际减排谈判如火如荼地进行的同时，我们更关心减排目标如何实现的问题。最为重要的是，减排目标如何与经济发展目标相协调，在保证减排目标实现的同时使经济能够平稳增长，最终达到社会福利最大的目标。

表 3.1　2015 年巴黎会议前夕各国作出的自主减排承诺

国家	目标年份	基准年份	减排目标	备注
美国	2025	2005	26%~28%	不考虑利用碳市场
加拿大	2030	2005	30%	可能利用碳市场
欧盟	2030	1990	40%	完全依靠国内减排
日本	2030	2013	26%	—
俄罗斯	2030	1990	70%~75%	完全依靠国内减排，计入森林碳汇
韩国	2030	BAU（850.6MtCO$_2$eq）	37%	部分依靠碳市场
中国	2030	2005	60%~65%	—

作为发展中国家，中国目前提出了适合自身发展且具有远见的减排强度目标。排放强度和能源强度指标类似，分别反映了单位经济产出所需的碳排放和能源消费量，体现了碳排放和能源利用效率。为此，本篇将把能源效率引入经济平稳增长模型，研究减排目标约束对经济平稳增长路径的影响，以及实现减排目标的最优控制路径。

根据脱钩理论，排放强度将最先与经济增长脱钩，最后才能实现碳排放量与经济的脱钩。与发达国家类似，当中国的发展水平达到发达阶段之后，也必将会提出排放总量控制目标。由于这两类减排目标在建模与模拟上存在一些差异，我们将在本篇对它们分别进行阐述。

3.1　排放强度目标约束模型

2009 年中国提出"到 2020 年单位 GDP 的碳排放强度相比 2005 年降低 40%~45%"的目标，2015 年将该目标延长至 2030 年，承诺"到 2030 年将碳排放强度比 2005 年水平进一步下降 60%~65%"。考虑到排放强度与能源强度之间的对应关系，排放强度的下降主要通过降低能源强度和能源结构低碳转型来实现。为此，朱永彬和王铮（2014）假设能源结构外生演化，而以研发投资为减排手段，将能源强度的下降机制内生化，并引入平稳增长模型。在经济平稳增长模型框架下构建排放强度目标下的最优控制模型，模拟研究实现碳排放强度目标以及社会福利最大化目标下的经济平稳增长路径和最优研发投资路径，即最优减排路径。

3.1.1　能源强度下降机制

排放强度与能源强度密切相关，能源强度的下降一般意味着能源利用效率的提高。而能效的提高主要通过技术进步，加强对节能减排技术的研发与推广力度。因此，除物质资本投资以外，还需将一部分资金投入旨在促进能效提高的研发领域，用于研发活动。为此我们将排放强度作为内生状态变量，其动态变化轨迹由研发投资控制。

基于经验曲线，可以认为能效提高（能源强度下降）的机制主要存在于以下三个方面。一是技术水平，也即知识的存量水平，可由能源利用相关领域的专利授权数表征，知识存量水平越高，在较高技术水平上进行再研发的成功概率与效率也会越高。二是学习能力，由两方面因素决定：研发努力和技术进步潜力。其中，研发努力可由当年的研发活动强度，即研发投资占 GDP 的比重来表征，研发强度越大，研发成功的概率越大，也就意味着能效改进的可能性越高。技术进步潜力可由技术差距表示，进步潜力越大，学习能力也越强。三是技术差距，即与能效较高国家存在的技术差距。在开放经济中，国家之间可以通过高能效产品的贸易进行"技术溢出"，一方面，技术差距越大，表示技术进步潜力越大；另一方面，差距过大，吸收学习高能效技术反而就越困难，因此"溢出效应"也就越小。为此，能效方程可表示为

$$\zeta_{t+1} = BC_{P,t}^{\vartheta}\left(I_{\mathrm{RD},t}G_t\right)^{\eta'}G_t^{\varphi'}\qquad \vartheta,\eta' > 0, \varphi' < 0 \qquad (3.1)$$

式（3.1）具有 Cobb-Douglas 的函数形式，其中，ζ 为单位能源投入带来的经济产出，用来表示能源使用效率，它是能源强度的倒数。若将能源效率 ζ 看作是一种特殊的"产品"，其生产过程就是提高能源效率、降低能源强度的过程。其中，B 可以看作"能效产品"的生产率；$C_{P,t}$ 表示 t 期的知识存量水平；$I_{\mathrm{RD},t}$ 为 t 期的研发活动强度；G_t 为 t 期与能效较高国家之间的技术差距；ϑ，η'，φ 分别表示上述 3 个"生产要素"的能源效率弹性。通过合并，式（3.1）可写成更为简洁的形式，即

$$\zeta_{t+1} = BC_{P,t}^{\vartheta}I_{\mathrm{RD},t}^{\eta}G_t^{\varphi} \qquad (3.2)$$

能源知识存量类似于资本存量，每期都会有一定比例的折旧，即落后知识或技术的淘汰，也会在每期产生新的知识。而新知识的产生既取决于现有知识水平，又受研发投资的影响。现有知识水平越高，新知识的创造越容易，研发投入越多也会刺激研发活动，从而产生更多的新知识。因此，知识资本累积方程可写为

$$C_{P,t+1} = C_{P,t}\left(1-\delta_P\right) + B_P I_{\mathrm{RD},t+1}^{\psi}C_{P,t}^{\phi} \qquad (3.3)$$

式中，δ_P 表示知识折旧率；B_P 为知识生产率；ψ 和 ϕ 分别为研发活动强度与技术水平的知识创造弹性。表征技术进步潜力的能效差距可由两国之间能源强度的比值表示，因此，我们将其定义为如下形式：

$$G_t = \frac{\tau_t}{\hat{\tau}} \qquad (3.4)$$

式中，τ_t 为 t 期的能源强度；$\hat{\tau}$ 为能效较高国家的能源强度。从世界范围来看，除经济极不发达国家之外，日本在发达国家中的能源强度最低，且与我国的经济往来较为密切，技术溢出及学习模仿较为容易，因此，我们选择日本的能源强度作为 $\hat{\tau}$。能源强度由于技术进步与研发投入而不断下降，其与高能效国家之间的技术差距也逐渐缩小，当技术差距消失时，本国即变成能效较高国家，因此式（3.4）表征的技术差距取值为 1，从而其不再对能源强度的下降有任何贡献。

3.1.2　平稳增长模型扩展

基于第 2 章给出的平稳增长模型框架，我们在传统 Ramsey 模型仅考虑资本和劳动

力两大生产要素基础上，将能源也看作一种必要的生产要素，以反映现代经济对能源依赖程度的增强。在经济-能源-环境框架下研究温室气体排放以及气候变化时，能源通常作为经济与环境之间的纽带而引入模型。此处的生产函数仍采用如下 Cobb-Douglas 形式：

$$Y_t = A_t K_t^{\alpha} E_t^{1-\alpha} L_t^{\gamma} \qquad 0 < \alpha, \gamma < 1 \tag{3.5}$$

式中，Y_t 表示 t 期的社会总产出；K_t，E_t 和 L_t 分别表示 t 期的资本、能源与劳动投入；A_t 可以认为是 t 期的技术水平；α 和 γ 分别为资本与劳动力的产出弹性。根据能源强度的定义 $\tau = E/Y$，则社会总产出可以写成关于能源强度的函数形式：

$$Y_t = A_t^{1/\alpha} K_t \tau_t^{(1-\alpha)/\alpha} L_t^{\gamma/\alpha} \tag{3.6}$$

同样假设社会只存在一种产品，该产品既可以用于消费，又可以作为投资。由于将能源强度下降机制内生化，在此扩展模型中，我们将投资进一步分为物质资本投资和研发投资，其中，物质资本投资可以增加下期的物质资本存量，进而投入到下期的产品生产中，资本积累方程为

$$K_{t+1} = (1-\delta) K_t + i_{t+1} Y_{t+1} \qquad 0 < i < 1 \tag{3.7}$$

式中，δ 为资本折旧率；i 表示资本投资占当期总产出的比重。根据中国承诺的碳减排目标特征，我们需要将排放强度引入模型。而排放强度与能源强度具有如下关系：

$$\omega = \frac{E\kappa}{Y} = \tau\kappa \tag{3.8}$$

式中，ω 为碳排放强度；κ 为反映能源结构演变的综合排放系数：

$$\kappa = \frac{\sum_e E_e \kappa_e}{E} \qquad e \in \{\text{coal}, \text{oil}, \text{gas}, \text{nonC}\} \tag{3.9}$$

因此，排放强度终端目标可以转化为能源强度终端目标。由于减排目标的引入，社会计划者在进行最优决策时，不仅要使社会成员效用最大化，还必须满足其所承诺的排放强度终期约束：

$$\tau_T \leqslant (1-b) \frac{\kappa_0}{\kappa_T} \tau_0 \tag{3.10}$$

式中，b 为目标年份相对基准年份排放强度的下降比例，即减排承诺中的减排目标；κ_0 和 τ_0 为基准年份的综合排放系数与能源强度；κ_T 和 τ_T 为目标年份的综合排放系数与能源强度。

社会计划者的目标仍沿用 Ramsey 模型的设定，即在所考虑的时间内，使社会成员的效用现值之和最大。本节模型采用的效用函数具有如式（3.11）的形式：

$$U = \sum_{t=1}^{t_f - 1} \frac{\left(C_t / N_t \right)^{1-\sigma} - 1}{1-\sigma} N_t (1+\rho)^{1-t} \tag{3.11}$$

式中，C_t，N_t 分别表示 t 期的社会总消费和总人口；σ 为风险厌恶系数；ρ 为时间偏好率；t_f 代表模拟期的期末时刻。若定义消费占总产出的比重 $c = C/Y$，则效用函数可改写为

$$U = \sum_{t=1}^{t_f-1} \frac{N_t^\sigma (1+\rho)^{1-t}}{1-\sigma} \left[c_t^{1-\sigma} Y_t^{1-\sigma} - N_t^{1-\sigma} \right] \qquad 0 < c < 1 \tag{3.12}$$

此外，总产出中的一部分还将用来支付能源投入成本，与第 2 章中的模型一致，假设能源进口综合成本为 θ，则能源支出占总产出的比重为 $\theta\tau$。因此，消费、资本投资、研发投资以及能源支出应满足如下总量约束：

$$c_t + i_t + I_{\text{RD},t} + \theta\tau_t \leqslant 1 \tag{3.13}$$

至此，引入能源效率后的平稳增长模型即为如下终端控制最优化问题模型：

$$\begin{aligned}
\max \quad & U \\
\text{s.t.} \quad & K_{t+1} = (1-\delta)K_t + i_{t+1}Y_{t+1} & K(0) = K_0 \\
& \zeta_{t+1} = BC_{P,t}^\vartheta I_{\text{RD},t}^\eta G_{\tau,t}^\varphi & \zeta(0) = 1/\tau_0 \\
& C_{P,t+1} = C_{P,t}(1-\delta_P) + B_P I_{\text{RD},t+1}^\psi C_{P,t}^\phi & C_P(0) = C_{P,0} \\
& c_t + i_t + I_{\text{RD},t} + \theta\tau_t \leqslant 1 \\
& \tau_T \leqslant (1-b)\frac{\kappa_0}{\kappa_T}\tau_0 \\
& i_t \geqslant 0, c_t \geqslant 0, I_{\text{RD},t} \geqslant 0, \tau_t \geqslant 0
\end{aligned} \tag{3.14}$$

同时，我们还要考虑经济平稳增长，即消费增长与经济增长同步，不存在消费过剩或不足的情况，则根据关系式 $c = C/Y$，有

$$g_c = \frac{\dot{c}}{c} = \frac{\dot{C}}{C} - \frac{\dot{Y}}{Y} = g_C - g_Y = 0 \tag{3.15}$$

因此，平稳增长意味着消费在产出中的比重（下文简称"消费产出比"）c 需保持恒定。于是，社会计划者的任务是通过调整或控制消费、资本投资与研发投资的路径，使得排放强度指标在目标年份满足所设定减排目标的同时，使社会成员的效用最大。式（3.14）中的状态变量为资本 K_t、能源强度 τ_t 和知识资本存量 $C_{P,t}$，控制变量为资本投资-产出比 i_t 和研发投资-产出比 $I_{\text{RD},t}$，而消费-产出比的取值在整个模拟期保持不变，以确保经济平稳增长，具体取值由外生情景给出。

3.1.3　数据与参数估计

平稳增长模型框架中的一些基本参数，如生产函数参数、效用函数参数与能源进口综合成本，仍采用第 2 章中的估计与校准方法得到。劳动力和人口数据、资本折旧率以及综合碳排放系数直接取自第 2 章的估计值。而能源强度动态方程参数以及能源知识资本积累方程参数需要重新进行估计。

1. 能源强度动态方程参数

由式（3.2）可知，对能源强度动态方程中的参数进行估计，需要能源强度数据、能源知识资本存量、研发投资比重以及与日本之间的能效差距等数据。

其中，中国能源强度数据根据中国能源统计年鉴和中国统计年鉴中的能源消费量与GDP 数据计算得到；能源知识资本存量数据利用永续盘存法计算得到，知识资本折旧率

参照 Bosetti 等取 5%, 新增知识采用历年国家知识产权局统计年报中能源利用领域专利授权数; 研发投资及占 GDP 比重来自中国科技部"中国主要科技指标数据库"; 能效差距通过式(3.4)计算得到, 其中, 中国与日本的能源强度来自美国能源情报局 EIA 网站。对式(3.2)进行对数变换, 得到参数估计统计模型:

$$\zeta'_{t+1} = b + \vartheta C'_{P,t} + \eta I'_{\text{RD},t} + \varphi G'_{\tau,t} + \varepsilon \tag{3.16}$$

式中, $\zeta'_{t+1} = \ln\left(1/\tau(t+1)\right)$, $C'_{P,t} = \ln\left(C_P(t)\right)$, $I'_{\text{RD},t} = \ln\left(I_{\text{RD}}(t)\right)$, $G'_{\tau,t} = \ln\left(G_\tau(t)\right)$, $b = \ln B$, ε 为残差项。通过对式(3.16)进行回归分析, 得到各参数的估计结果如表 3.2 所示。

表 3.2　能源强度动态方程参数估计结果

参数	参数值	t 值	显著性水平
b	1.389	−3.559	0.002
ϑ	0.034	−2.016	0.060
η	0.105	−2.696	0.015
φ	−0.727	10.726	0.000

从表 3.2 的回归结果的显著性水平来看, 技术差距的弹性参数通过了 1% 的显著性检验, 研发活动强度的弹性参数在 5% 的显著性水平上通过检验, 而知识存量的显著性水平也达到 10%。模型整体的拟合程度达 0.983, 说明知识存量、研发活动及技术差距解释了能源强度变化 98.3% 的信息。因此, 我们接受各参数的估计值。

2. 能源知识资本积累方程参数

同样地, 首先将能源领域的知识资本积累方程式(3.3)变换为统计模型形式:

$$P'_t = b' + \psi I'_{\text{RD},t} + \phi C'_{P,t} + \varepsilon \tag{3.17}$$

式中, $P'_t = \ln P_t$, 其中, $P_t = C_{P,t+1} - C_{P,t}(1 - \delta_P)$, 为当年新增的知识资本, 即当年能效专利授权数; $I'_{\text{RD},t} = \ln\left(I_{\text{RD},t}\right)$, $C'_{P,t} = \ln\left(C_{P,t}\right)$, $b' = \ln\left(B_P\right)$, ε 为误差项。通过对式(3.17)进行回归分析, 得到参数估计结果如表 3.3 所示。

表 3.3　能源知识资本积累方程参数估计结果

参数	参数值	t 值	显著性水平
b'	6.285	4.838	0.000
ψ	0.595	3.058	0.007
ϕ	0.497	10.586	0.000

由表 3.3 可见, 各参数均通过了 1% 的显著性检验, 而且模型整体的拟合程度为 0.948。因此, 可以接受各参数估计值。同时得到当期研发活动强度与能源知识存量对新创造的知识的产出贡献率分别为 0.595 和 0.497。

3.2　排放总量目标约束模型

尽管中国还尚未提出针对排放总量的绝对减排目标，但随着中国经济不断发展，待进入发达国家行列之后，绝对减排将是其无可推卸的义务。此外，在国际谈判和学术研究中还存在着一种声音，即将与升温 2℃对应的未来全球允许排放总量根据某种公平分配原则分配到各个国家，以此确定各国的排放配额。若配额不足或剩余，可在国际碳市场中进行交易。为此，朱永彬和王铮（2013）前瞻性地将排放总量目标考虑进来，同样在平稳增长模型框架下构建针对此目标约束的最优控制模型，并模拟研究实现碳排放总量目标以及社会福利最大化目标下的经济平稳增长路径和最优减排路径。

3.2.1　能源效率改进机制

与 3.1 节模型稍有不同，在此我们不关注能源强度的具体变化情况，而将关注焦点集中在能源效率改进可以节约多少实物能源投入，从而减少多少 CO_2 的排放。为此，我们引入能源服务的概念，即能源供给部门为其他部门经济产出提供的服务，可以理解为有效能源投入。它综合考虑了能源实物投入增多与能源效率提高两方面带来的能源服务产品的增加，可以写成如下 CES 形式的复合函数：

$$E_{S,t} = A_{ES} \left[a_E E_t^{\rho_{ES}} + a_H H_{E,t}^{\rho_{ES}} \right]^{1/\rho_{ES}} \tag{3.18}$$

式中，E_S 表示能源服务；E 为实物能源投入；H_E 代表了技术进步带来的能源效率提高；A_{ES}，a_E，a_H 分别表示能源服务生产率、实物能源投入和能源效率的贡献份额；ρ_{ES} 为能源与能效之间的替代弹性参数（替代弹性为 $\dfrac{1}{1-\rho_{ES}}$）。

同时，我们假定研发投资有利于提高能源利用效率，通过上述替代关系减少能源实际投入，达到减排的目标。与上节模型类似，我们用知识资本来表征能源效率的提高，并通过研发投资不断积累知识资本：

$$H_{E,t+1} = H_{E,t}(1-\delta_{RD}) + A_{RD} I_{RD,t+1}^{\psi} H_{E,t}^{\phi} \tag{3.19}$$

式中，等式右边第二项表示新创造的知识，主要由当年研发强度 I_{RD}（研发投资占 GDP 的比重）和当前知识存量水平 H_E 决定，A_{RD} 为知识创造生产率，ψ 和 ϕ 分别表示研发强度与知识存量的知识创造弹性。同时考虑落后能源利用技术的淘汰，δ_{RD} 为知识资本折旧。

3.2.2　平稳增长模型扩展

新的生产函数中，能源服务替代能源投入，与资本和劳动力一起作为必要生产要素引入生产函数，构造 Cobb-Douglas 型生产函数如下：

$$Y_t = A_t K_t^{\alpha} E_{S,t}^{1-\alpha} L_t^{\gamma} \qquad 0 < \alpha, \gamma < 1 \tag{3.20}$$

式中，K_t，$E_{S,t}$ 和 L_t 分别为资本、能源服务以及劳动投入；A，α 和 γ 分别表示全要素生产率,资本产出弹性和劳动力产出弹性。生产出来的产品一部分用于物质资本投资 I_t,另一部分用于研发投资 I'_{RD} 及相应的能源支出 θE_t,其余部分用于消费 C,因此,预算约束方程可写为

$$C_t = Y_t - I_t - I'_{RD,t} - \theta E_t \tag{3.21}$$

由于在知识积累方程式(3.19)中,采用研发投资比重的形式,同时为保持经济平稳增长,消费应与产出同步增长,为此保持消费产出比恒定,因此,式(3.21)可改写为如下形式:

$$I_t = (1 - c_t - I_{RD,t}) Y_t - \theta E_t \tag{3.22}$$

式中,c_t 和 $I_{RD,t}$ 分别表示消费产出比和研发强度。物质资本投资用于增加资本存量:

$$K_{t+1} = K_t(1 - \delta) + I_{t+1} \tag{3.23}$$

最终社会计划者的目标是使社会成员所获得的效用最大化,效用函数采用一般形式:

$$U = \sum_{t=1}^{t_f - 1} \frac{\left(C_t \big/ N_t\right)^{1-\sigma} - 1}{1 - \sigma} N_t (1 + \rho)^{1-t} \tag{3.24}$$

式中,N_t 为人口数量;σ 和 ρ 分别表示社会成员的风险厌恶系数和时间偏好率。生产过程中的能源使用将带来 CO_2 排放,每期的碳排放量为

$$M_t = \kappa_t E_t \tag{3.25}$$

由于控制目标为排放配额,即模拟期间的累积碳排放量,为此排放配额方程可写为

$$M_{Q,t+1} = M_{Q,t} + M_{t+1} \tag{3.26}$$

式中,M_{t+1} 和 $M_{Q,t}$ 分别为 CO_2 的年排放量和累积排放量;κ 为反映能源结构变化的碳排放系数。在此模型中,研发投资通过知识资本积累实现能源效率的提高,从而可以替代一部分能源实物投入。社会计划者要在资源约束下合理分配资本投资、研发投资、消费以及实物能源投入等,在保证经济平稳增长和排放总量不突破配额限制的前提下,使社会福利最大。

至此,排放总量目标约束下的平稳增长模型可写为如下最优控制模型:

$$\max \quad U$$

$$\begin{aligned}
\text{s.t.} \quad & K_{t+1} = K_t(1-\delta) + I_{t+1} & & K(0) = K_0 \\
& H_{E,t+1} = A_{RD} I_{RD,t+1}^{\psi} H_{E,t}^{\phi} + H_{E,t}(1 - \delta_{RD}) & & H_E(0) = H_{E,0} \\
& M_{Q,t+1} = M_{Q,t} + \kappa_{t+1} E_{t+1} & & M_Q(0) = M_{Q,0} \\
& I_t \leqslant (1 - c_t - I_{RD,t}) Y_t - \theta E_t \\
& M_{Q,T} \leqslant \bar{M}_Q \\
& I_t \geqslant 0, I_{RD,t} \geqslant 0, E_t \geqslant 0
\end{aligned} \tag{3.27}$$

式中,资本存量 K_t、知识存量 H_E、累积排放量 $M_{Q,t}$ 为状态变量,物质资本投资 I_t 和研发投资比重 I_{RD} 为控制变量。同时,为保持经济平稳增长,需使消费和产出保持同步增长,即消费与产出之间的比值恒定。为此,本书将通过外生设定消费产出比,来模拟不同情景下满足配额目标下的最优经济增长路径。

3.2.3　数据与参数估计

由于模型的生产函数发生了变化，能源服务替代了能源实物投入，因此，需要首先对生产函数式（3.20）中的参数重新进行估计。我们采用与第 2 章相同的估计方法对生产函数进行参数估计，得到资本及劳动的产出弹性分别为 0.836 和 0.417，全要素生产率为 0.201。对于新增的能源服务生产函数式（3.18），我们首先假设能源投入与能源效率之间的替代弹性为 1.25，从而 ρ_{ES} 取为 0.2，然后通过统计回归得到方程中其他参数取值，结果如表 3.4 所示。

表 3.4　能源服务方程参数估计结果

	参数值	t 值	显著性水平
aE	0.776	27.110	0.000
aH	0.456	11.856	0.000

表 3.4 得到的参数估计结果具有很高的显著性水平，可以作为实物能源投入和能源效率的贡献份额。能源服务生产率通过校准，取值为 1.037。模型的其他参数取值与前面章节模型的对应部分相同。

3.3　小　　结

本章在平稳增长模型一般框架基础上，引入能源效率内生化机制，并根据排放强度目标和排放总量目标的不同特点，分别对能源强度下降机制与能源效率改进机制进行建模，并与平稳增长模型结合，构建了有减排目标约束的平稳增长控制模型。在实现减排目标的途径中，仅考虑了研发投资促进能源效率提高的减排机制，对其他减排机制未予考虑。此为本篇模型的局限性所在。最后，分别对模型中的数据与参数估计进行了介绍。具体的模拟结果将在后面两章中详细分析。

第4章 排放强度目标下平稳增长路径模拟

针对我国提出的排放强度目标:"到 2020 年单位 GDP 的碳排放强度相比 2005 年降低 40%～45%"和"到 2030 年将碳排放强度比 2005 年水平进一步下降 60%～65%",本章利用 3.2 节的模型对排放强度终端控制目标下我国经济平稳增长路径及最优减排路径进行模拟。受数据可得性的限制,我们将模拟起点设为 2007 年,模拟期到 2050 年。此外,假设模拟期内经济增长保持平稳,即意味着消费产出比系数 c 在模拟期间恒定。

根据模型中能源强度的下降机制,研发投资被看作采取主动减排控制的唯一手段。为实现强度减排目标,需要研发投资强度达到怎样的水平,以及研发强度的路径呈现怎样的趋势将对经济平稳增长路径和排放路径产生重要影响。从历史情况来看,研发投资强度在 1996～2007 年出现了非常显著的线性增长现象(如图 4.1),线性拟合程度达 99%,且以每年 0.0859 个百分点的速度增长。

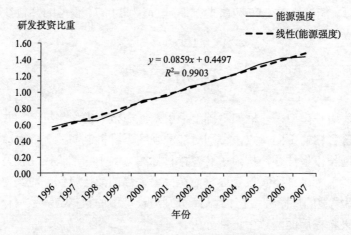

图 4.1 我国 1996～2007 年的研发投资比重及其趋势线拟合

若以这一趋势发展,即从 2007 年开始,研发投资比重在 2007 年 1.44%水平上,按照每年 0.0859 个百分点的增幅递增,到 2020 年将达到 2.56%。但是在此研发投资时间序列给定的情况下,利用模型式(3.14)计算得到的最优经济增长路径下,碳排放强度到 2020 年可较 2005 年降低 34.4%,无法完成 40%～45%的减排目标。因此,若要完成减排目标,需要提高研发投资比重,促进能源效率更快提高。

4.1 情 景 设 定

在经济平稳增长的假设下,需要保持消费-产出比(即最终消费率)在模拟期间恒定。为此我们外生给定最终消费率,并将每个最终消费率的取值作为一种情景,来分析模拟期间的经济增长、研发投资、排放强度以及能源消费和碳排放的走势。

历史数据显示，1978～2000 年我国最终消费率基本在 60%~70%波动，部分年份略低于 60%；从 2000 年开始出现了明显的下降趋势，2007 年降至 49%，由此反映出我国长期以来以高储蓄率为特征的投资驱动增长模式。然而，随着社会保障体制的完善和内需的不断释放，未来最终消费率有望进一步下降。为此，我们在 40%～55%区间内，每间隔 1 个百分点选取一个最终消费率作为一种情景进行模拟。

此外，为了比较减排目标设置前后模拟结果的差异，进而评估其对经济平稳增长路径和排放路径的影响，我们设置两种情景：①基准情景，即不考虑排放强度控制目标；②政策情景，同时考虑 2020 年和 2030 年的排放强度目标。接下来对这两个情景分别进行模拟。

4.2　基　准　情　景

在不考虑排放强度目标约束的基准情景中，我们模拟了对应不同最终消费率的最优路径及其所对应的社会福利值，即模型的优化目标值。若以最终消费率为横轴，对应的效用最大值为纵轴作图，可以观察不同最终消费率可以带来的最大化社会福利变化情况（图 4.2）。

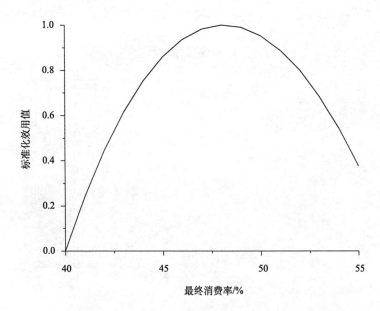

图 4.2　不同最终消费率对应的最优效用值（0~1 标准化值①）

从图 4.2 中可以看出，最终消费率并非越高或越低，其所带来的社会福利就越大。随着最终消费率的增大，社会成员从各期消费中所获得的总效用呈先增后降的趋势。由

---

① 模型所给的效用函数受到量纲以及参数取值的影响，其绝对值并无实际意义，因此，我们根据最大最小值对其进行 0~1 标准化。

于社会总效用由规划期内的总消费量来衡量,而总消费量与最终消费率有如下关系:若最终消费率较大,则意味着每期产出中用于消费的比例较多,相应的投资比重减少,资本积累速度放缓,经济增长动力减弱,进而降低未来各期可供消费的经济总量。因此,较高的最终消费率是用未来消费能力的下降换取消费短期增加的做法。反之,若减少最终消费率,增大投资比重,将促进经济增长,增加未来可供消费的经济总量。正是由于最终消费率对前期消费和未来消费能力的调节作用,所以存在一个"最优"的最终消费率,此时对应的社会福利水平最高,而偏离该值都将造成最优效用值的下降。

表现在图 4.2 上,即为一条倒 U 型的曲线。当最终消费率设定为48%时,社会成员可以获得的最优效用值最高。因此,社会计划者应从社会福利的角度考虑,选取合适的最终消费率。虽然模拟时设定了 16 个最终消费率情景,但为了便于分析,我们仅选取 3 个代表性最终消费率情景,即对应 48%的最优消费率情景与距离最近的低消费率情景(45%)和高消费率情景(50%)。

4.2.1　平稳增长路径

根据模拟结果计算得到的模拟期年平均经济增长速度显示,最终消费率为48%~55%对应的经济增长速度为 11.5%~7.6%,与近年来的实际经济增长情况基本一致。随着最终消费率逐渐降低,平均经济增长速度将逐渐增快。最优消费率情景(48%)、低消费率情景(45%)和高消费率情景(50%)下的经济增长路径如图 4.3 所示。

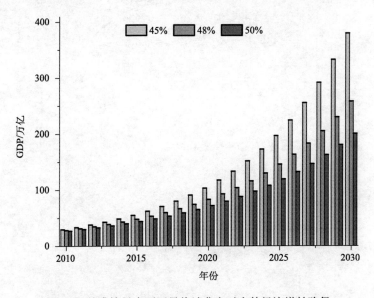

图 4.3　基准情景中不同最终消费率对应的经济增长路径

基准情景中,低消费率情景(45%)、最优消费率情景(48%)和高消费率情景(50%)对应的平均经济增长速度分别为 13.2%、11.5%和 10.4%。可见,最终消费率越低,将有更多的产出用于资本投资,促进经济增长。表现在图 4.3 上,三种情景中 GDP 之间的差距逐渐拉大,到 2030 年分别增长到 380 万亿元、260 万亿元和 200 万亿元。

　　此处模拟得到的较高增长率可能会遭到质疑，但需要注意的是，由于模拟的起点为 2007 年，参数估计和变量的初值均是 2007 年前的数据。当时的最终消费率为 52% 左右，在该消费率情景下模拟得到的平均经济增长率约为 9.2%。这与 2007 年及其之前的实际经济增长率是有可比性的。2003 年以来中国实际经济增长率均在 10% 以上，以此数据校准得到的参数和变量值代入模型得到的未来趋势必然也是相一致的。因此，如果能够获得最新数据，模型参数还可以进一步校准，以更近的年份为模拟起点，由此得到的结论将更符合现实。但这并不妨碍我们通过模拟结果得到一些规律性的结论。

4.2.2　最优研发投资路径

　　研发投资是为提高能效、降低能源强度，间接降低排放强度所需采取的主动应对措施。由于在基准情景中我们没有考虑减排目标的要求，因此，最优研发投资强度始终维持在初始水平。说明若不设定具体的减排目标，企业没有主动提高研发投资的动机。

4.2.3　能源效率改进路径

　　在研发投资路径维持在最低水平的作用下，模拟期内各年的排放强度指标演变路径如图 4.4 所示。

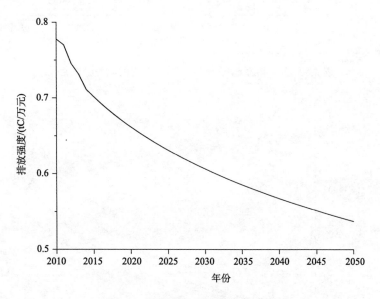

图 4.4　基准情景下的排放强度路径

　　由图 4.4 可以看出，排放强度的下降速度逐渐变缓，这是由于随着排放强度的降低，与高能效国家之间的技术差距缩小，从而下降的潜力变小的缘故。在未设定减排目标的基准情景中，到 2020 年，排放强度将比 2005 年下降 19.9%；2030 年比 2005 年下降 26.6%。可见与中国承诺的减排目标还有很大的差距。

4.2.4　能源消费与碳排放路径

　　尽管排放强度的下降趋势相同，但由于不同最终消费率情景下的平稳增长路径存在差异，因此，对应不同增长路径下的能源消费量以及碳排放量的演变趋势也不尽相同，分别如图 4.5 和图 4.6 所示。

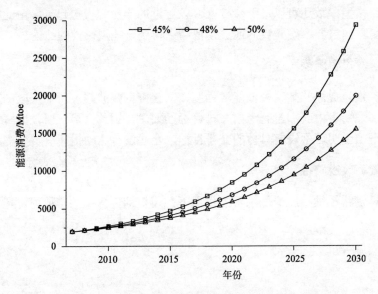

图 4.5　基准情景下不同最终消费率对应的能源消费路径

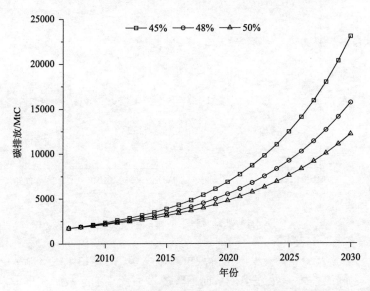

图 4.6　基准情景下不同最终消费率对应的碳排放路径

　　由图 4.5 和图 4.6 可以看出，能源消费与碳排放演变趋势基本保持一致。由于研发投资比例维持在最低水平，排放强度没有得到有效遏制，加之经济仍保持较快增长，因此，相应的能源消费与碳排放量在基准情景中还将显著增长。

　　对比三种最终消费率情景可以看出，最终消费率越高，能源消费与碳排放总体水平越低。其原因在于，能源消费与碳排放量主要受经济总量以及能源（排放）强度两个因素的影响，而其中经济总量起支配作用。由于高消费产出比带来资本投资率的下降，使得经济增长动力不足。因此，受经济总量的制约，能源消费和碳排放量在高消费率情景下较低。

4.3　政　策　情　景

　　由基准情景的模拟结果可知，若不设置减排目标，未来碳排放还将在经济快速增长的拉动下迅猛增长。因此，减排政策的制订十分必要。接下来的分析仍以最优消费率情景（48%）、低消费率情景（45%）和高消费率情景（50%）三种消费率情景为例展开。

4.3.1　平稳增长路径

　　根据模拟结果计算得到的模拟期年平均经济增长速度显示，最终消费率在 45%~50%对应的经济增长速度为 9.4%~7.0%，相比基准情景的平均经济增长速度有明显的回落。最优消费率情景（48%）、低消费率情景（45%）和高消费率情景（50%）下的经济增长路径如图 4.7 所示。

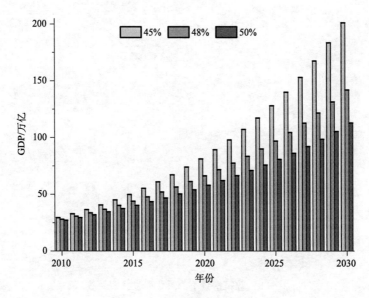

图 4.7　政策情景中不同最终消费率对应的经济增长路径

　　政策情景中，低消费率情景（45%）、最优消费率情景（48%）和高消费率情景（50%）对应的模拟期平均经济增长速度分别为 9.4%、8.0% 和 7.0%。同样地，最终消费率越低，意味着用于资本投资的产出资源越多，经济增长速度也将越快。从图 4.7 中可以看出，三种情景中 GDP 之间的差距逐渐拉大，到 2030 年分别增长到 200 万亿元、142 万亿元和 113 万亿元。

与基准情景相比，政策情景中相同消费率下的平均经济增速将回落 3～4 个百分点。这是由于一部分资源被分配到研发投资中去，以实现减排政策目标。具体将投入多少研发投资将在下一节中详细看到。实施减排目标之后的经济增速虽然下降，但仍高于 7% 的水平，与中国设定的"新常态"经济增速一致。比较两种情景下的平稳增长路径，2010～2030 年 GDP 累积减少 30% 左右，这是减排需要付出的经济代价。但我们认为政策情景中的经济增长速度是较为合理的，一味追求高增速的重量轻质，只能导致粗放发展带来的资源加速耗竭，这必然是不可持续的。

从时间演变路径来看，前期经济增长高于后期。根据计算，最优消费率情景下，2010～2015 年 GDP 平均增长率为 9.3%，2015～2020 年平均为 8.5%，2020～2030 年平均为 7.9%；而在高消费率情景下 2010～2015 年 GDP 平均增长率为 8.2%，2015～2020 年平均为 7.5%，2020～2030 年平均为 6.9%。相反，低消费率情景下将对应较高的增长速度。

4.3.2 最优研发投资路径

政策情景设定了 2020 年和 2030 年的排放强度目标，为实现减排目标，将通过研发投资采取主动降低能源强度、提高能源效率的应对措施。通过模拟，我们得到如图 4.8 所示的最优减排路径。

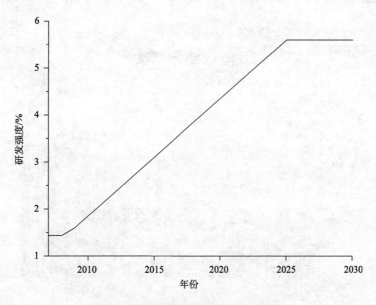

图 4.8　政策情景下的最优研发投资路径

图 4.8 给出了在模拟期 2007～2030 年的研发投资路径。从中可以看出，最优研发强度最初两年仍维持在初始水平，此后逐渐提高，到后期不再增长。其特点表现为前轻后重，即期初不急于进行高研发活动降低能源强度。这是由于，一方面过早地降低能源强度会对经济增长产生一定的抑制作用，另一方面也会因大量的减排努力（高研发强度）使得用于消费和投资的比例减少，这会使更偏好当期消费的社会成员效用下降；而到了

减排的后期不得不投入大量的研发投资以实现减排目标。这也解释了我国各地减排实践中在初期不采取有效的减排措施,而到末期通过各种手段突击完成减排目标的现象。

　　需要说明的是,在模型模拟过程中我们增加了一些对研发强度变动规则的设定,如规定了研发强度的上限,对研发强度的跨期步长进行限定等。若仅从模型出发,最优路径给出的研发投资波动剧烈,严重偏离实际情况,这一点可以参见 4.4 节的不确定性分析。而这些规则的设置,可以较好地与实际情况靠近,为决策参考提供更可行的依据。

　　为实现碳强度 2020 年下降 45%和 2030 年下降 60%的减排目标,研发投资需从 2009 年开始提高,直至 2025 年达到 5.6%的水平,此后保持在这一水平上不动。期间研发强度以每年 0.25 个百分点的幅度递增。模拟得到的最优研发投资路径也说明,我国设定的排放强度减排目标是可行的,需使研发投资强度增长到 5.6%的水平。但是,如果按研发投资历史增长速度则无法完成这一目标,为此我们还需作出更大的努力和付出。

4.3.3　能源效率改进路径

　　研发投资一方面通过积累知识资本,另一方面直接参与能源效率改进,对降低碳排放强度发挥着直接和间接的促进作用。在研发投资路径的作用下,模拟期内各年的排放强度指标演变路径如图 4.9 所示。

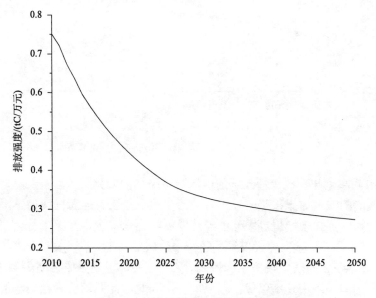

图 4.9　基准情景下的排放强度路径

　　在本章的模型中,研发投资是排放强度降低的主要控制变量。受其影响,由于初期研发活动强度较低,初始两年的排放强度下降较为平缓。从 2010 年开始,由图 4.9 可以看出,随着研发强度的加大,下降趋势十分显著,直到 2020 年达到承诺目标。经过 2020～2030 年的调整,排放强度下降趋势放缓,一方面由于随着与能效最高国家之间的技术差距缩小,使得进一步下降的潜力变小;另一方面也是因为研发强度到 2025 年后不再继续提高,便可以实现 2030 年的减排目标。

从减排目标的设置上我们也可以直观地发现，2030 年的减排目标不如 2020 年的减排目标激进。说明决策层在进行决策时也充分考虑到排放强度下降的潜力会逐渐缩小的情况。由于 2030 年后的减排目标尚未制订，研发投资没有进一步推动能源效率提高的积极性，所以维持在 2030 年水平上。2030 年后排放强度虽有一定程度的降低，但变动幅度有限：2040 年和 2050 年的排放强度分别比 2030 年降低 11%和 17%左右。

4.3.4　能源消费与碳排放路径

在经济平稳增长路径与能源（排放）强度演变路径的共同作用下，我们进一步计算得到 2007～2030 年能源消费量以及碳排放量的演变趋势，如图 4.10 和图 4.11 所示。

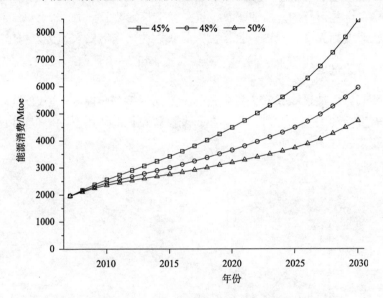

图 4.10　政策情景下不同最终消费率对应的能源消费路径

从图 4.10 可以看出，政策情景下的能源消费路径回归到较为理性的状态。与基准情景相比有大幅的削减，如果按照研发投资的历史演变趋势，能源强度的下降幅度都要远比基准情景明显。加之现实世界中影响经济发展的因素很多，经济增长实现基准情景的速度也不太现实。总之，基准情景仅给出了一个比较的基准，不代表对未来的真实预测。

由于 2010 年及之前研发投资比例较低，没有有效地遏制排放强度，排放强度降低速度较慢，加之期间经济增长率仍保持较快增长，因此，能源消费量相应地增长较快。伴随排放强度从 2010 年开始下降速度明显加快，能源消费量的增长速率在此时也明显放缓。但由于从 2025 年开始研发强度增长停滞的原因，此后能源消费量出现增速反弹的现象。

在最优消费率情景中，能源消费量在 2020 年和 2030 年分别为 3660Mtoe 和 5960Mtoe 左右，比 2007 年的模拟起点增加了 86%和两倍，可见 2020 年后期的增长势头还非常强大。在与历史水平较为接近的高消费率情景中，到 2020 年和 2030 年，能源消费将分别达到 3200Mtoe 和 4740Mtoe，比最优消费率情景有一定的降低。这条路径可能与未来的实际能源消费路径接近。而在低消费率情景中，能源消费量还将进一步提高。

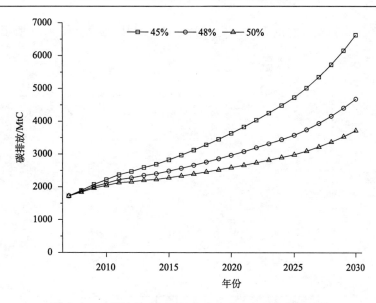

图 4.11　政策情景下不同最终消费率对应的碳排放路径

从图 4.11 中可以看出，与能源消费路径的走势基本一致，不同消费率情景下的碳排放走势也呈现先增长，随后增速放缓，后期增速反弹的趋势特征。同样地，最终消费率越高，碳排放水平越低。其原因在于高消费率意味着资本积累和经济增长速度较慢，而能源消费与碳排放量主要受经济增长路径的支配。

政策情景比基准情景的碳排放量也有大幅下降。最优消费率情景中，碳排放量到 2020 年达到 2965MtC，仅比 2007 年的初期增长了 72%；到 2030 年达到 4680MtC，增长了 1.7 倍。而在高消费率情景下，2020 年碳排放量为 2590MtC，未超过百亿吨 CO_2 的目标；到 2030 年增长到 3720MtC。可见在这一情景中，碳排放的减排效果还是较为显著的。

4.4　不确定性分析

作为实现碳排放强度降低目标的主要手段，研发投资路径起到关键性的作用，因此，模型中的不确定性也主要来源于对研发投资变动情景的约束。之前的模型模拟过程对研发投资的上限和跨期变动步长进行了限制：设定上限为 5.6%，变动步长为 0.25 个百分点。从前面的模拟结果可以看出，这一设置可以实现减排目标，同时还确保了研发投资没有出现剧烈波动，避免了经济增长出现大起大落的情况。

由于前面模拟选取的约束值刚好可以保证减排目标的实现，如果降低研发强度上限或缩小波动步长，将导致减排目标无法实现的情况出现，表现为模拟无法求得可行解。因此，我们分别提高研发强度上限和变动步长，来分析其对平稳增长路径和最优减排路径的影响。

首先，在之前限制条件（情景 0）的基础上，我们放宽对步长的限制，将研发强度的允许步长从 0.25 个百分点增大到 0.35 个百分点（情景 1）；接着，我们将研发强度的上限由 5.6%提高到 8%（情景 2）。模拟得到的研发强度路径如图 4.12 所示。

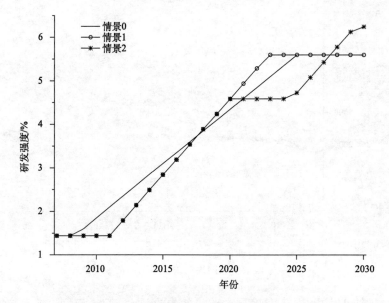

图 4.12　不同限制条件对最优研发强度路径的影响

从图 4.12 中可以看出，增加研发投资强度跨期的变动步长，开始采取有效减排措施的时点将向后推迟，从情景 0 中的 2009 年推迟了三年到情景 1 中的 2012 年。两种情景下，一旦开始采取提高研发强度的减排措施后，研发强度便按照最大可变动步长逐年递增，直到可以实现对应减排目标为止，此后维持这一水平不再变化。由于情景 1 中假设研发强度能够较快地提高到实现减排目标必需的水平，意味着有能力更为灵活地进行调整，因此，其推迟减排行动的迹象更为明显。

若进一步提高研发强度的上限，即具有更多的政策"储备"后，减排措施可进一步推迟，这主要表现在第二阶段的减排目标上。由于第一阶段到 2020 年，研发强度已经"退无可退"，因此，情景 2 与情景 1 在 2020 年前的最优研发强度路径重合。在第二阶段 2020～2030 年，由于情景 2 研发强度可以达到更高的水平，因此，其将再次推迟实施减排措施的时间，从 2025 年左右开始提高研发强度。

从三种情景的比较中，我们可以看出一个比较显见的规律，即当以期末的排放强度为目标时，采取有效减排措施的最优选择是尽其所能地推迟，只要能够按期完成减排目标。我们认为之所以表现出这一特征，除了和减排目标与某一年对应，而不是整个模拟期对应有关，还与模型有关。由于模型的优化目标——社会福利，仅由消费决定，而没有引入对环境或气候的青睐，因此，为了获得更多的"消费"，造成了对环境和气候带来的效用的忽略。而随着经济水平的提高和环境的持续恶化，人们将越来越多地愿意为保护环境支付一定的经济代价。当环境的重要性增加时，最优减排路径的表现可能将发生变化。

4.5　小　　结

本章利用 3.1 节的排放强度目标约束模型对基准情景（不考虑减排目标）和政策情景（2020 年降低 45%和 2030 年降低 60%）进行了模拟。通过比较经济平稳增长路径、最优研发投资路径与相应的能源效率改进路径，以及能源消费和碳排放路径，分析了排放强度目标给经济系统带来的影响和从社会福利最大化角度应该采取怎样的减排路径。

最后，通过对研发投资的不确定性分析，让我们更清晰地发现，应对期末减排目标的"最优"选择是尽可能推迟采取有效减排措施的时间，只要能够保证期末目标的达成。接下来的第 5 章将讨论累积总量目标约束对经济系统的影响，与期末减排目标不同的是，累积总量目标是对模拟期所有碳排放总量进行约束，而不仅仅对某期的排放（强度）进行约束，如 2020 年、2030 年或 2050 年。

附（模型求解 GAMS 代码）

```
---------------------------------------------BEGIN---------------------------------------------
SETS
T                SIMULATION PERIOD                              /2007*2050/
TFIRST(T)        SIMULATION START YEAR
TLAST(T)         SIMULATION END YEAR;


SCALARS
C                CONSUMPTION-OUTPUT RATIO
TAR              TARGET EMISSION INTENSITY R.T. BASE YEAR
TAR2
SIGM             ELESTICITY OF MARINAL UTILITY OF CONSUMPTION
RHO              SOCIAL TIME PREFERENCE RATE
TFP              TOTAL FACTOR OF PRODUCTIVITY
ALPH             ELASTICITY OF CAPITAL
GAMM             ELASTICITY OF LABOUR
DLTK             DEPRECIATION OF CAPITAL
BP               TFP OF KNOWLEDGE
PSI              ELASTICITY OF R&D TO KNOWLEDGE
PHI              ELASTICITY OF STOCK TO KNOWLEDGE
DLTP             DEPRECIATION RATE OF KNOWLEDGE
BR               TFP OF ENERGY INTENSITY DROPDOWN
ADJB             ADJUSTMENT COEFFICIENT
CQ               ELASTICITY OF KNOWLEDGE STOCK TO EI
PH               ELASTICITY OF TECH-GAP TO EI
```

KPP	ELASTICITY OF R&D TO EI
TH	ENERGY COST
RLIM	EI OF HIGH-EFFCIENT COUNTRY(JAPAN)
RLOW	LOWER BOUND OF R&D INVESTMENT - GDP RATIO
RUP	UPPER BOUND OF R&D INVESTMENT - GDP RATIO
LPRT	LABOR PARTICIPATION RATE
COEFB	EMISSION COEFFICIENT IN BASE YEAR
K0	HYSICAL CAPITAL IN INITIAL YEAR(YI YUAN)
KP0	KNOWLEDGE STOCK IN INITIAL YEAR
R0	EI IN INITIAL YEAR(TOE PER 10000 YUAN)
RB	EI IN BASE YEAR ;

SET
B_PAR   BASIC PARAM SET   /TFP,ALPH,GAMM,DLTK, BP,PSI, PHI,DLTP,
                                       BR, ADJB,CQ, PH,KPP,COEFB,K0,KP0,R0,RB/
ADJ_PAR   ADJUSTABLE PARAM SET   /C,TAR,tar2,SIGM,RHO,TH,RLIM,RLOW,
                                                              RUP, LPRT/;

PARAMETERS
COEF(T)   EMISSION COEFFICIENT OF EACH YAER
POP(T)   POPULATION
LABOR(T)   LABOR
VALUEB(B_PAR)   BASIC PARAMETER VALUES
VALUEA(ADJ_PAR)   ADJUSTABLE PARAM VALUES;

POSITIVE VARIABLES
K(T)   PHYSICAL CAPITAL
KP(T)   KNOWLEDGE STOCK
R(T)   ENERGY INTENSITY
U(T)   INVEST-OUTPUT RATIO
V(T)   R&D-OUTPUT RATIO;

VARIABLES
Y(T)   GDP
PERIODU(T)   UTILITY FOR EACH PERIOD
UTILITY   UTILITY;

TFIRST(T)=YES$(ORD(T)   EQ 1);

TLAST(T)=YES$(ORD(T)　　　　EQ CARD(T));

EQUATIONS
YGROSS(T)　　　　　　　　　GROSS PRODUCT OF GDP
UTILEQ(T)　　　　　　　　　UTILITY EQUATION OF EACH PERIOD
UTIL　　　　　　　　　　　　UTILITY EQUATION
KC(T)　　　　　　　　　　　CAPITAL ACCUMULATION EQ
KC0(T)　　　　　　　　　　　INITIAL CAPITAL STOCK
KPC(T)　　　　　　　　　　　KNOWLEDGE ACCUMULATION
KPC0(T)　　　　　　　　　　INITIAL KNOWLEDGE STOCK
EI(T)　　　　　　　　　　　　ENERGY INTENSITY DYNAMIC
EI0(T)　　　　　　　　　　　INITIAL ENERGY INTENSITY
CONS(T)　　　　　　　　　　CONSTRAINT ON R&D
cons2(t)
BUDGET(T)　　　　　　　　　BUDGET CONSTRAINT　　　　　　;

YGROSS(T)..　　　　　　　　Y(T)=E=TFP**(1/ALPH)*K(T)*LABOR(T)**(GAMM/ALPH)
　　　　　　　　　　　　　　*R(T)**(1/ALPH-1);
UTILEQ(T)..　　　　　　　　PERIODU(T)=E=((C*Y(T)/POP(T))**(1-SIGM)-1)/(1-SIGM)
　　　　　　　　　　　　　　POP(T)(1+RHO)**(1-ORD(T));
UTIL..　　　　　　　　　　　UTILITY=E=SUM(T,PERIODU(T));
KC(T+1)..　　　　　　　　　K(T+1)=E=K(T)*(1-DLTK)+U(T+1)*Y(T+1);
KC0(TFIRST)..　　　　　　　K(TFIRST)=E=K0;
KPC(T+1)..　　　　　　　　KP(T+1)=E=KP(T)*(1-DLTP)+BP*V(T+1)**PSI*KP(T)**PHI;
KPC0(TFIRST)..　　　　　　KP(TFIRST)=E=KP0;
EI(T+1)..　　　　　　　　　R(T+1)=E=BR*ADJB*KP(T)**CQ*(R(T)/RLIM)**PH*V(T+1)**KPP;
CONS(T+1)..　　　　　　　　V(T+1)=L=V(T)+0.0025;
cons2(t+1)..　　　　　　　　V(T+1)=G=V(T);
EI0(TFIRST)..　　　　　　　R(TFIRST)=E=R0;
BUDGET(T+1)..　　　　　　　U(T+1)+V(T+1)+TH*R(T+1)=L=1-C;

MODEL　　　　　　EIBASE　　　　　　/ALL/;

EQUATIONS
EIT1(T)　　　　　　　　　　TERMINAL ENERGY INTENSITY
EIT2(T)　　　　　　　　　　TERMINAL ENERGY INTENSITY ;
EIT1("2020")..　　　　　　　R("2020")=L=TAR*RB*COEFB/COEF("2020");
EIT2("2030")..　　　　　　　R("2030")=L=TAR2*RB*COEFB/COEF("2030");

```
MODEL            EITAR               /ALL/;

* Fetch Parameter Datafrom Excel File Named 'BASIC_param.xlsx'
$CALL =GDXXRW.EXE    BASIC_param.xlsx    output=EI_basic_param.gdx    trace=0    par=VALUEB
rng=EI_PARAM!A2:B19    Rdim=1    par=COEF    rng=EI_PARAM!G3:H46    Rdim=1    par=POP
rng=EI_PARAM!D3:E46    Rdim=1
$GDXIN   EI_basic_param.GDX
$LOAD    VALUEB    COEF    POP
$GDXIN


* Fetch Parameter Datafrom Excel File Named 'EI_param.xlsx'
$CALL =GDXXRW.EXE    EI_param.xlsx output=EI_adj_param.gdx par=VALUEA
rng=PARM! A2:B11    Rdim=1
$GDXIN   EI_adj_param.GDX
$LOAD    VALUEA
$GDXIN


C=VALUEA('C');
TAR=VALUEA('TAR');
TAR2=VALUEA('TAR2');
SIGM=VALUEA('SIGM');
RHO=VALUEA('RHO');
TFP=VALUEB('TFP');
ALPH=VALUEB('ALPH');
GAMM=VALUEB('GAMM');
DLTK=VALUEB('DLTK');
BP=VALUEB('BP');
PSI=VALUEB('PSI');
PHI=VALUEB('PHI');
DLTP=VALUEB('DLTP');
BR=VALUEB('BR');
ADJB=VALUEB('ADJB');
CQ=VALUEB('CQ');
PH=VALUEB('PH');
KPP=VALUEB('KPP');
TH=VALUEA('TH');
RLIM=VALUEA('RLIM');
```

```
RLOW=VALUEA('RLOW');
RUP=VALUEA('RUP');
LPRT=VALUEA('LPRT');
COEFB=VALUEB('COEFB');
K0=VALUEB('K0');
KP0=VALUEB('KP0');
R0=VALUEB('R0');
RB=VALUEB('RB');

LABOR(T)=POP(T)*LPRT;
R.LO(T)=RLIM*101/100;
V.LO(T)=RLOW;
V.UP(T)=RUP;
U.LO(T)=EPS;
U.UP(T)=1;


OPTION   NLP=CONOPT;
OPTION   BRATIO=1;


* Assuming Scenarios about Consumption-Output Ratios
SETS
J                          USED FOR HOLDING RESULTS                    /1*21/
JINDEX(J);
ALIAS(J,I);


SCALARS
INDEX                      ITERATOR FOR STORING RESULTS                /1/
CSTRT                      STARTING POINT OF C TO SIMULATE             /0.40/
CINCR                      INCREMENT OF C BETWEEN EACH SIMULATION      /0.01/;


PARAMETERS
BASE_K(T,J)                IN 100M YUAN
BASE_KP(T,J)               IN UNIT
BASE_U(T,J)                IN %
BASE_V(T,J)                IN %
BASE_EI(T,J)               IN TOE PER 10000 YUAN
BASE_Y(T,J)                IN 100M YUAN
BASE_E(T,J)                IN MTOE
```

```
BASE_EM(T,J)              IN MTC
BASE_UTIL(J)
BASE_EEI(T,J)            IN TC PER 10000 YUAN
TAR_K(T,J)              IN 100M YUAN
TAR_KP(T,J)             IN UNIT
TAR_U(T,J)              IN %
TAR_V(T,J)              IN %
TAR_EI(T,J)             IN TOE PER 10000 YUAN
TAR_Y(T,J)              IN 100M YUAN
TAR_E(T,J)              IN MTOE
TAR_EM(T,J)             IN MTC
TAR_UTIL(J)
TAR_EEI(T,J)            IN TC PER 10000 YUAN ;


LOOP(J, C=CSTRT+CINCR*(INDEX-1);
        K.L(TFIRST)=K0;
        KP.L(TFIRST)=KP0;
        R.L(TFIRST)=R0;
        V.L(T)=RLOW;
        U.L(T)=1-C-TH*R0-RLOW;
        LOOP(T,
            Y.L(T)=TFP**(1/ALPH)*K.L(T)*LABOR(T)**(GAMM/ALPH)*R.L(T)**(1/ALPH-1);
            K.L(T+1)=K.L(T)*(1-DLTK)+U.L(T)*Y.L(T);
            KP.L(T+1)=KP.L(T)*(1-DLTP)+BP*V.L(T)**PSI*KP.L(T)**PHI;
            R.L(T+1)=BR*ADJB*KP.L(T)**CQ*(R.L(T)/RLIM)**PH*V.L(T)**KPP;
        );
        SOLVE EIBASE MAXIMIZING UTILITY USING NLP;

        JINDEX(I)=YES$(ORD(I)        EQ INDEX);
        BASE_K(T,JINDEX)=K.L(T);
        BASE_KP(T,JINDEX)=KP.L(T);
        BASE_U(T,JINDEX)=U.L(T);
        BASE_V(T,JINDEX)=V.L(T);
        BASE_EI(T,JINDEX)=R.L(T);
        BASE_Y(T,JINDEX)=Y.L(T);
        BASE_E(T,JINDEX)=BASE_Y(T,JINDEX)*BASE_EI(T,JINDEX)/100;
        BASE_EM(T,JINDEX)=BASE_E(T,JINDEX)*COEF(T);
        BASE_UTIL(JINDEX)=UTILITY.L;
```

```
BASE_EEI(T,JINDEX)=BASE_EI(T,JINDEX)*COEF(T);

SOLVE EITAR MAXIMIZING UTILITY USING NLP;
TAR_K(T,JINDEX)=K.L(T);
TAR_KP(T,JINDEX)=KP.L(T);
TAR_U(T,JINDEX)=U.L(T);
TAR_V(T,JINDEX)=V.L(T);
TAR_EI(T,JINDEX)=R.L(T);
TAR_Y(T,JINDEX)=Y.L(T);
TAR_E(T,JINDEX)=TAR_Y(T,JINDEX)*TAR_EI(T,JINDEX)/100;
TAR_EM(T,JINDEX)=TAR_E(T,JINDEX)*COEF(T);
TAR_UTIL(JINDEX)=UTILITY.L;
TAR_EEI(T,JINDEX)=TAR_EI(T,JINDEX)*COEF(T);
INDEX=INDEX+1;
);


* Save Simulation Results of Base case and Policy case to Excel Files
$BATINCLUDE        OUTPUT_EI.GMS    EIBASE.XLS      EITAR.XLS
      ----------------------------------------END----------------------------------------------------
```

第 5 章　排放总量约束下平稳增长路径模拟

在国际气候谈判的博弈交锋中，各个国家集体往往提出的都是对自己有利的减排方案，如 2009 年哥本哈根会议期间的丹麦草案等。同时基于在气候谈判中的立场形成了多个不同的"利益共同体"，如伞形国家集体、金砖国家、基础四国、77 国集体、小岛国联盟、雨林国家联盟等。由于各方利益和立场存在很大差异，在谈判中各说各话，很难达成一致。

丁仲礼（2010）认为，国际气候谈判不能达成一致的根源在于谈判的逻辑起点是"减排路线"，而非"配额目标"。在第 4 章，我们收集到的各国减排目标即属于"减排路线"之列，无论是对排放强度降低还是绝对减排的规定均是针对期末某年的。由于"减排路线"涉及不同国家的减排目标如何设定、以哪年作为基准年，以及从什么时间起点开始减排等具体问题，很难对减排目标的公平性进行评价。因此，各国之间存在非常大的争议。而"配额目标"主要是确定未来全球排放空间在各国之间的分配，分配过程在某种程度上就已体现了公平原则，同时，在具体的减排路线上赋予各国更多的灵活性。因此，对各国未来的允许排放总量进行限定，既能保证气候目标顺利实现，又可以在透明且公平的分配原则下实现各国能够接受的目的。鉴于排放配额目标较易在各国之间达成一致，本章就将以排放配额，即累积排放总量为目标，利用 3.2 节中的排放总量目标约束模型，研究排放总量约束目标对平稳增长路径和最优减排路径将产生怎样的影响。

5.1　情 景 设 定

对全球排放配额的分配与确定问题，Baer 等（2008）根据各国的减排责任（历史累积排放）与减排能力（国民收入水平）加权构造 RCI 指标，对未来全球的减排配额在国家之间的分配进行了研究；丁仲礼（2010）和王铮等（2009）在考虑历史排放的前提下，根据发达国家与发展中国家的国家人口规模对未来排放进行了分配，并且分别讨论了以 1860 年、1900 年、1990 年作为历史排放起点年的配额分配方案；吴静等（2010）在评价"丹麦草案"的基础上，提出人均排放权均等的排放分配原则，计算得到不同历史排放起点假设下各主要国家的排放配额。

由于当前国际谈判还没有达成一致的排放配额方案，因此，在对排放配额进行情景设定时，我们参照吴静等（2010）的研究结果，如表 5.1 所示。

表 5.1 给出了不同大气浓度控制目标下我国基于人均排放权相等原则可以获得的排放配额。为使 2050 年 CO_2 的大气浓度不超过 450~500ppm，在人均排放权均等原则下，我国 2008~2050 年获得的排放配额分别为 47020~93430MtC。

表 5.1 不同控制浓度下我国的排放配额 （单位：MtC）

项目	450ppm	460ppm	470ppm	480ppm	490ppm	500ppm
2005～2050 年总配额	51490	60810	70130	79450	88760	97900
历史排放量	4470	4470	4470	4470	4470	4470
2008～2050 年总配额	47020	56340	65660	74980	84290	93430

资料来源：根据吴静等（2010）的模型计算得到

同样地，我们模拟了不设置排放总量约束的基准情景，以及针对不同配额目标的减排情景，以进行对比分析。模拟期均为 2007～2050 年。为保证经济平稳增长，仍使最终消费率在整个模拟期维持恒定，在 40%～55% 区间内，每间隔 1 个百分点选取一种情景进行模拟。

5.2 基 准 情 景

首先，以不同最终消费率为情景，模拟得到基准情景下各变量的最优路径及所对应的社会福利值，即模型的优化目标值。图 5.1 给出了不同最终消费率可以带来的最大化社会福利变化情况。

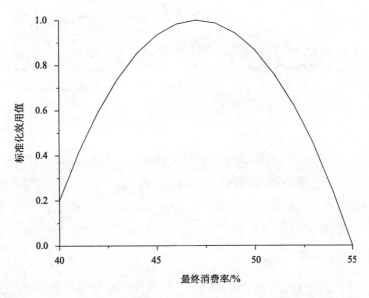

图 5.1 不同最终消费率对应的最优效用值（0～1 标准化值[①]）

从图 5.1 中可以看出，随着最终消费率的增大，社会成员从各期消费中所获得的总效用呈先增后降的趋势。与社会福利峰值对应的最终消费率为 47%，即将最终消费率设

---

① 模型所给的效用函数受到量纲以及参数取值的影响，其绝对值并无实际意义，因此，我们根据最大最小值对其进行 0～1 标准化。

定在这一水平有助于社会福利的提高。因此，在此后的分析中，我们仍然只选取 3 个代表性最终消费率情景，即对应 47%的最优消费率情景和距离最近的低消费率情景（45%）与高消费率情景（50%）。

5.2.1 平稳增长路径

根据模拟结果计算得到的模拟期年平均经济增长速度显示，最终消费率在 47%~55%对应的经济增长速度为 10.2%~7.9%，与近年来的实际经济增长情况基本一致。随着最终消费率逐渐降低，平均经济增长速度将逐渐增快。最优消费率情景（47%）、低消费率情景（45%）和高消费率情景（50%）下的经济增长路径如图 5.2 所示。

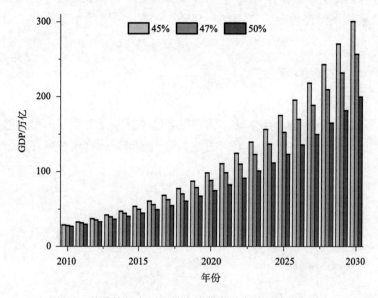

图 5.2　基准情景中不同最终消费率对应的经济增长路径

基准情景中，低消费率情景（45%）、最优消费率情景（47%）和高消费率情景（50%）对应的平均经济增长速度分别为 10.5%、10.1%和 9.4%。可见，最终消费率越低，将有更多的产出用于资本投资，促进经济增长。表现在图 5.2 上，三种情景中 GDP 之间的差距逐渐拉大，到 2030 年分别增长到 300 万亿元、260 万亿元和 200 万亿元左右。

5.2.2 最优研发投资路径

本章的模型中，研发投资通过提高能源利用效率、替代部分实物能源投入，从而实现降低碳排放的控制目标。由于在基准情景中我们没有考虑减排目标的要求，最优研发投资强度在该情景中没有较为明显的变化，与初始水平相当。说明实物能源投入的成本和效率高于能源效率改进所带来的边际产出，在没有具体减排目标的约束下，企业不会主动提高研发投资，而是依靠投入实物能源来提供相同数量的能源服务，满足企业的生产需要。若提高研发投资必将减少用于资本投资的产出资源，从而使社会总产出下降，降低社会成员的消费水平和福利。

5.2.3　能源消费与碳排放路径

　　基准情景下，对应不同增长路径下的能源消费量以及碳排放量的演变趋势如图 5.3 所示。

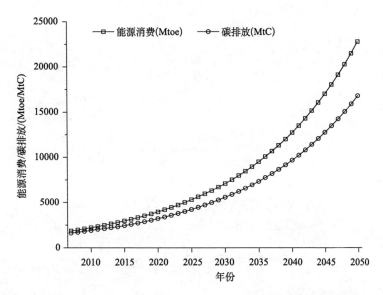

图 5.3　基准情景下不同最终消费率对应的能源消费和碳排放路径

　　从图 5.3 中可以看出，能源消费与碳排放演变趋势基本保持一致。由于研发投资比例维持在最低水平，能源服务的提供主要依靠实物能源投入的增加，因此，相应地，能源消费与碳排放量在基准情景中还将显著增长。随着能源结构向低碳的清洁能源转变，单位能源投入的碳含量逐渐下降，使得碳排放的增长趋势慢于能源消费量的增长，两者之间的差距逐渐拉开。

　　基准情景下 2007～2050 年的累积排放量将达到 284GtC，远高于浓度控制目标下我国可以获得的排放配额，因此，从减缓气候变化的角度，有必要对排放总量进行约束。

5.2.4　排放强度路径

　　在研发投资路径维持在较低水平的作用下，能源服务产品主要由实物能源投入提供。由图 5.3 可以看出不同最终消费率情景下的能源消费与碳排放路径是一致的。而由于各消费率情景的平稳增长路径存在一定的差异，模拟期内各情景的排放强度指标演变路径也不尽相同，如图 5.4 所示。

　　从图 5.4 中可以看出，高消费率情景下的平均经济增长速度较慢，因此，在碳排放路径相同的情况下，其对应的排放强度下降趋势也较为缓慢。在此情景中，2020 年、2030 年和 2050 年的碳排放强度分别比 2005 年下降48%、66%和82%，高于中国承诺的强度减排目标。而在最优消费率情景和低消费率情景下，由于经济增长更加快速，排放强度的下降幅度更大。

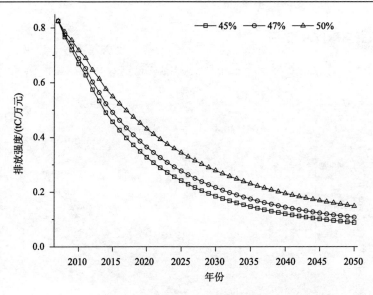

图 5.4　基准情景下不同最终消费率对应的排放强度路径

5.3　减　排　情　景

最终消费率对平稳增长路径的影响可从基准情景中直观地看到。为了将关注重点放到不同减排目标对研发路径和经济增长路径的影响，接下来的分析将以最优消费率（47%）为基准，不再列出高消费率情景和低消费率情景下对应不同减排目标的交叉情景模拟结果。同时，在多种减排情景中，我们也仅对 450ppm 和 500ppm 两个边界目标进行分析，其他减排目标介于两者之间，因此，对应的模拟结果路径也处于两个边界目标所对应的最优路径之间。为此，接下来的分析将着重以 450ppm、500ppm 情景为代表，并与基准情景进行对比。

5.3.1　平稳增长路径

对排放总量进行约束后，由于一部分资源用于提高能源效率，以减少实物能源投入，所以经济增长速度较不减排的基准情景放缓。根据模拟结果计算得到的模拟期年平均经济增长速度显示，在最优消费率（47%）情景下，将大气碳浓度控制在 500~450ppm 时所对应的经济增长速度为 8.6%~7.7%，低于不减排时基准情景中的 10.2%。随着减排目标越来越严格，经济增长走势将逐渐减弱，如图 5.5 所示。

计算结果显示，基准情景下 2007~2050 年的累积 GDP 总量将达到 17888 万亿元，累积碳排放量为 284GtC；若将大气浓度控制在 500ppm，中国所承担的减排义务为将累积碳排放控制在 93.4GtC，与之对应的累积 GDP 总量可达到 11503 万亿元。两种情景相比，减少的 GDP 即为减排所付出的经济代价，对应的减排成本约为 3.35 万元/tC，即相当于减排每吨 CO_2 要付出 9140 元的 GDP 损失。从 500ppm 目标降至 450ppm 目标，累积 GDP 损失为 2913 万亿元，累积排放量可减少 46.4GtC，计算得到减排成本为 6.28 万元/tC，由此意味着单位减排成本随着减排目标的加大而逐渐递增，如表 5.2 所示。

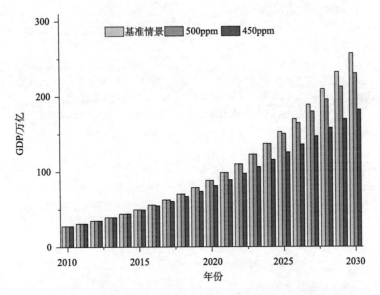

图 5.5　基准情景与不同减排情景对应的经济增长路径

表 5.2　不同减排目标对应的减排成本

项目	基准情景	500ppm	490ppm	480ppm	470ppm	460ppm	450ppm
累积排放 /MtC	284330	93430	84290	74980	65660	56340	47020
累积 GDP /万亿	17888	11503	10976	10414	9828	9219	8599
减排成本 /（万元/tC）	—	3.34	5.77	6.04	6.29	6.53	6.65

5.3.2　最优研发投资路径

　　为了实现减排目标，需要借助于研发投资，通过提高能源利用效率，从而替代部分实物能源投入，以达到降低碳排放的控制目标。不同减排目标所需要的研发投入强度各不相同，如图 5.6 所示。

　　随着减排目标的不断提高，所需要的研发投入也需不断增加。在 500ppm 这一减排目标下，研发投入只需在初始水平基础上提高 0.1 个百分点，从 2007 年的 1.44%增加到 2008 年的 1.52%，此后维持这一水平不变。当减排目标提高到 490ppm 时，所需的研发投入也较低，仅比 500ppm 目标略有提高，为 1.53%，同样在以后各期均维持不变。若减排目标为 480ppm，研发投入需在 2035 年左右再次提高，增加到 1.56%并维持该水平不变。在 470ppm 目标下，初期研发强度需略有提高，在 1.55%的水平，并在 2030 年左右提高到 1.65%的水平；在 460ppm 目标下，初期研发强度再次提高，在 1.57%的水平，

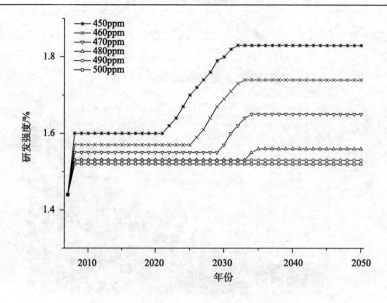

图 5.6　不同减排目标下最优研发强度路径

并在 2025 年左右再次提高，逐渐增加到 1.74%的水平；当减排目标提高到 450ppm 时，初期研发强度要升至 1.6%的水平，并从 2020 年左右开始再次提高，逐渐增加到 1.83%的水平。

　　总体而言，这些减排目标的实现所需要的研发投入仅比初始水平略高，从而较易达成。而随着减排目标渐进升高，前期研发强度需要提高到一个较高水平，并从更早的时点开始再次提高到更高的水平。图 5.6 所显示的研发路径显示，实现减排目标的最优选择仍是推迟到后期发力。说明若在前期过早投入资源进行减排，将不利于经济增长，带来较高的机会成本。因此，避开前期增长战略期，待资源积累到一定程度再实施有效减排是较优的选择。

5.3.3　能源消费与碳排放路径

　　相比基准情景下能源消费量的大幅上升，在设定排放总量目标之后，必须对能源消费量进行大幅削减。对应不同减排目标下的能源消费路径，如图 5.7 所示。

　　从图 5.7 中可以看出，随着减排目标从 500ppm 提高到 450ppm，能源消费量需从更早的年份开始降低，同时也意味着其对应的能源峰值下降。由于原模型对能源部门没有进行详细刻画，在进行优化求解时能源消费量在没有约束的情况下可以任意取值，与现实情况不符。在真实经济社会中，能源需求上升必须有适应的能源生产能力与之对应，以满足供需平衡。如果能源消费需求增长过快，能源生产能力将无法满足。反之当能源需求下降时，将导致前期建设的大量生产能力闲置，造成资源浪费。由于这一成本没有在模型中予以反映，因此，为了避免能源消费的剧烈波动，我们在求解时增加对能源消费变动率的限制。考虑到历史时期 1978～2007 年能源消费的年际平均波动幅度为 5.6%，因此，模型设定能源消费量每年增加或下降的幅度不高于 6%。

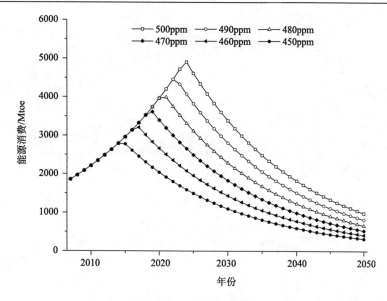

图 5.7　不同减排目标情景下的能源消费路径

在这一约束机制作用下，前期能源消费量将以 6%的最高增速增长，此后在到达峰值后又以同样的速度降低，在后期趋于稳定。在 500ppm 情景下，能源消费量将在 2024年左右达到最大值 4900Mtoe 后开始下降，并从 2040 年左右开始降低到 2007 年水平以下。在其他减排情景中，能源消费量必须实现更早下降，并降至更低的水平。通过该模拟结果，我们一方面可以直观地感受不同减排目标意味着怎样的减排力度，评估减排目标的可行性；另一方面，若要实现相应的能源消费削减水平，需要提高能源利用效率，或者寻求非化石能源和低碳能源替代。由于模型虽考虑了能源结构改变对单位能源碳排放系数的影响，但对能源结构演化的假设相对较为保守。如果未来能源技术实现较大突破，低碳能源能够实现对化石能源的大幅替代，未来能源消费量还可以进一步提高。

一方面，研发投资通过提高能源效率对实物能源进行了一定程度的替代；另一方面，经济增长路径的不同对能源需求也存在差异。因此，不同减排目标下的累积排放路径也表现出了不同的走势，如图 5.8 所示。

从图 5.8 中可以看出，累积排放量在前期增长较快，源于能源消费的较快增长，而后随着研发投资的增加，累积排放也随之逐渐放缓，向各自的排放配额目标逼近。一方面，研发投资带来能效提高可替代一部分能源投入；另一方面，研发投资的增长减少了资本投资，使资本积累速度和经济增长速度减慢，进一步减少了能源需求。减排目标越严厉，累积排放开始减缓的时间越早，在 450～500ppm 的各情景下，碳排放开始放缓的时间分别为 2015 年、2017 年、2019 年、2021 年、2023 年和 2025 年。

5.3.4　排放强度路径

减排目标下，随着能源消费量的大幅下降，碳排放量也随之显著降低。同时在经济增长的作用下，模拟期内各情景的排放强度也出现明显的大幅降低，如图 5.9 所示。

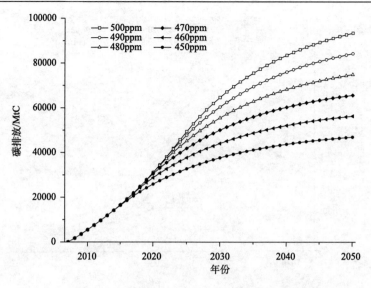

图 5.8　不同减排目标情景下的累积排放路径

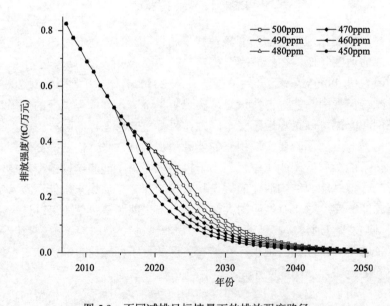

图 5.9　不同减排目标情景下的排放强度路径

从图 5.9 可以看出，由于前期能源消费量在各减排情景中均保持相同的快速增长趋势，同时尽管各减排情景经济增长速度存在一定差异，但 GDP 之间的差距还没有明显拉开，因此，所有减排情景前期的排放强度下降曲线十分接近。随着不同减排情景的能源消费和碳排放开始分化，以及 GDP 之间的差距不断增大，各减排情景的排放强度路径也出现了明显的不同。在 450ppm 情景中，能源消费最早开始下降，对应的排放强度路径也表现为从 2015 的转折点开始以更快的速度下降。随着减排情景从 450ppm 降低到 500ppm，排放强度曲线开始明显下降的时点逐渐推后。与基准情景相比，减排情景中的排放强度将出现更为显著的下降。以 500ppm 情景为例，2020 年和 2030 年的碳排放强度分别比 2005 年下降 56%和 86%，显著高于中国承诺的强度减排目标。

5.4　不确定性分析

在上面的模拟过程中，为了避免能源使用量在寻优过程中产生经济系统无法承受的剧烈波动，我们对能源消费量施加了一定限制。基于 1978～2007 年能源消费量的平均增长率，我们把能源消费的年际波动限定在 6%以内。模拟结果显示，最优能源消费路径在多数情况下将以 6%的速度增长或降低。

在本节中，我们将对这一约束的不确定性进行分析，重点关注其对最优 R&D 投资和能源消费路径的影响。为此，我们提出两个备选情景：一是将年均变化率缩小到 3%，二是将年均变化率扩大到 10%。以 500ppm 的减排目标为例，两个备选情景下模拟得到的 R&D 投资强度及能源消费量变化情况分别如图 5.10 和图 5.11 所示。

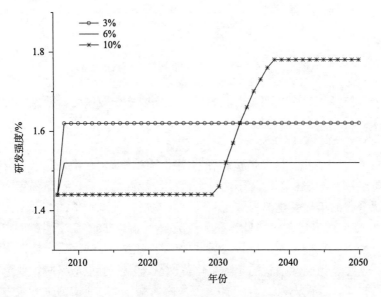

图 5.10　不同限制条件对最优研发强度路径的影响

从图 5.10 中可以看出，当能源消费的年际变化范围从 6%下降至 3%时，意味着能源部门生产潜力降低，每年的新增生产能力仅能满足 3%的新增能源需求，由于更多的实物能源需求得不到供给，将需要更多的研发投资来满足产品生产部门对能源服务的需要，因此，研发投资强度将相应地从 1.52%的水平提高到 1.62%的水平。

相反地，如果能源部门的新增生产能力具有较高的快速提升潜力，即可以满足 10%的新增能源需求，则前期并不需要较高的研发投资强度，能源服务将更多地通过实物能源投入获得。以 500ppm 的减排目标情景为例，研发投资强度前期将维持初始水平，直到 2030 年左右开始增加，并在短期内提升到更高水平，到 2038 年达到 1.78%的水平。由此也可以看出，通过研发投资提高能源利用效率来提供更多能源服务的边际成本要高于直接投入更多实物能源的边际成本。因此，在实物能源可以继续使用的情况下，进行研发投资的意愿并不强烈，能源部门更倾向于推迟进行研发投资活动。

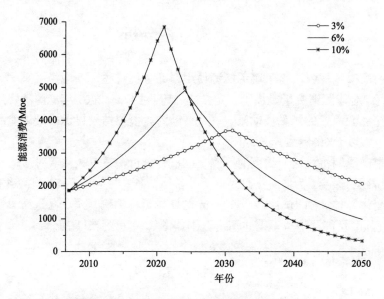

图 5.11　不同限制条件对能源消费路径的影响

　　与研发投资路径相对应，当实物能源投入较高或增长较快时，研发投资强度一般维持在较低水平；反之，当实物能源投入较低或下降较快时，需要研发投资强度维持在较高的水平。

　　从图 5.11 中可以看出，能源消费路径前期将继续增长，在增加到一定程度后开始下降。由于对能源消费的增长率进行了约束，因此，能源消费将以设定的年际变化率进行变动。当能源消费的年际变化范围从 6%下降至 3%时，能源消费的波动更为平缓，可以一直增加到 2032 年再开始逐渐降低。在此情况下，每年 3%的新增能源需求可以很容易地得到满足，而且后期能源需求下降阶段只需每年淘汰 3%的落后产能，资源闲置或浪费成本较低。反之，当能源消费的年际变化范围从 6%提升至 10%时，要求能源生产能力在前期大幅扩张，而后从 2022 年开始又要大幅收缩，此时新增的生产能力还远没有达到寿命期便需要闲置或淘汰，资源浪费成本严重，对经济系统也将产生很大波动。

5.5　小　　结

　　本章利用 3.2 节的排放总量目标约束模型对基准情景（不减排）和减排情景（基于人均累积排放相等方案计算得到的对应 450～500ppm 浓度控制目标下中国获得的累积排放配额）进行了模拟。并对平稳增长路径、最优研发投资路径、能源消费和碳排放路径，以及相应的排放强度路径进行了对比分析，评价了排放总量目标给经济系统带来的影响和从社会福利最大化角度应该采取怎样的减排路径，并同时计算了减排成本的变化情况。

　　减排的途径是依靠研发投资提高能源效率，实现对能源投入的替代，从而减少能源消费。由于模型仅考虑了研发投资这一种减排机制，并未对能源系统进行详细建模，因此，模型存在一些局限性，如没有考虑能源供给对能源需求的限制，以及能源技术和成本变化对未来能源结构变化的影响等。而这些因素将在第三篇进行详细讨论。由于本章的能源结构依据历史趋势进行演化，所以其变化幅度较小，这也增加了依靠降低能源消费量来实现减排目标的难度。

最后，我们对能源需求的变化进行约束，以反映能源供给对能源需求的影响，并对能源消费的变化范围进行不确定性分析。同样地，通过模拟我们发现，通过研发投资提高能源利用效率来提供更多能源服务的边际成本要高于直接投入更多实物能源的边际成本。因此，在实物能源可以继续使用的情况下，进行研发投资的意愿并不强烈，从而更倾向于推迟进行研发投资活动。

附（模型求解 GAMS 代码）

```
-------------------------------------------BEGIN-------------------------------------------
SETS
T                          SIMULATION PERIOD                              /2007*2050/
TFIRST(T)                  SIMULATION START YEAR
TLAST(T)                   SIMULATION END YEAR;


SCALARS
C                          CONSUMPTION-OUTPUT RATIO
TFP                        TOTAL FACTOR OF PRODUCTIVITY
ALPH                       ELASTICITY OF CAPITAL
GAMM                       ELASTICITY OF LABOUR
DLTK                       DEPRECIATION OF CAPITAL
TFPES                      TFP FOR ES PRODUCTION
AE                         CONTRIBUTE SHARE OF ENERGY INPUT
AH                         CONTRIBUTE SHARE OF ENERGY EFFICIENCY
RHES                       SUBSTITUTE ELASTICITY FOR ES FACTOR
TFPRD                      TFP OF KNOWLEDGE
THRD                       ELASTICITY OF R&D INVESTMENT
PHRD                       ELASTICITY OF R&D STOCK
DLTRD                      DEPRECIATION RATE OF KNOWLEDGE
SIGM                       ELESTICITY OF MARINAL UTILITY OF CONSUMPTION
RHO                        SOCIAL TIME PREFERENCE RATE
LPRT                       LABOR PARTICIPATION RATE
THLT                       ENERGY UNIT COST
EVAR                       LOWER BOUND OF ENERGY CONSUMPTION
K0                         CAPITAL STOCK IN INITIAL YEAR
HE0                        R&D STOCK IN INITIAL YEAR
```

MQ0　　　　　　　　　　　CUMULATED CARBON EMISSION IN INITIAL YEAR
E0　　　　　　　　　　　　ENERGY INPUT IN INITIAL YEAR
IRD0　　　　　　　　　　　R&D INVESTMENT RATIO IN INITIAL YEAR
MQT　　　　　　　　　　　TARGET(CUMULATED)CARBON EMISSION　　;

SET
B_PAR　　　　　　　　　　BASIC PARAM SET　　/TFP,ALPH,GAMM,DLTK,TFPES,AE,AH,RHES,TFPRD,
　　　　　　　　　　　　　　　　　　　　　THRD,PHRD,DLTRD,K0,HE0,MQ0,E0,IRD0/
ADJ_PAR　　　　　　　　　ADJUSTABLE PARAM SET　　/C,SIGM,RHO,LPRT,THLT, EVAR,MQT/ ;

PARAMETERS
COEF(T)　　　　　　　　　EMISSION COEFFICIENT OF EACH YAER
POP(T)　　　　　　　　　　POPULATION
LABOR(T)　　　　　　　　LABOR
VALUEB(B_PAR)　　　　　　BASIC PARAMETERS VALUES
VALUEA(ADJ_PAR)　　　　　ADJUSTABLE PARAM VALUES;

POSITIVE VARIABLES
K(T)　　　　　　　　　　　PHYSICAL CAPITAL
INV(T)　　　　　　　　　　PHYSICAL CAPITAL INVESTMENT
ES(T)　　　　　　　　　　ENERGY SERVICE
Y(T)　　　　　　　　　　　GDP
E(T)　　　　　　　　　　　ENERGY INPUT
HE(T)　　　　　　　　　　TECH ADVANCE IN ENERGY EFFICIENCY
IRD(T)　　　　　　　　　　R&D INVESTMENT-OUTPUT RATIO
M(T)　　　　　　　　　　　CARBON EMISSION IN PERIOD T
MQ(T)　　　　　　　　　　CUMULATED CARBON EMISSION;

VARIABLES
PERIODU(T)　　　　　　　UTILITY FOR EACH PERIOD
UTILITY　　　　　　　　　UTILITY;

TFIRST(T)=YES$(ORD(T)　　EQ 1);
TLAST(T)=YES$(ORD(T)　　　EQ CARD(T));

EQUATIONS
YGROSS(T)　　　　　　　PRODUCTION FUNCTION
UTILEQ(T)　　　　　　　UTILITY FUNCTION OF PERIOD T

UTIL	CUMULATED UTILITY FUNCTION
KDYN(T)	CAPITAL DYNAMIC FUNCTION
ESCMP(T)	ES COMPOUND FUNCTION
HEDYN(T)	TECH ADVANCE FROM R&D INVESTMENT
EMEQ(T)	CARBON EMISSION FUNCTION
EMQEQ(T)	CUMULATED CARBON EMISSION FUNCTION
BUDGET(T)	BUDGET CONSTRAINT
CONS(T)	CONSTRAINT ON ENERGY VARIATION
CONS2(T)	
CONS3(T)	
KINT(T)	CAPITAL STOCK IN INITIAL YEAR
EINT(T)	ENERGY INPUT IN INITIAL YEAR
HEINT(T)	KNOWLEDGE STOCK IN INITIAL YEAR
MQINT(T)	CUMULATED CARBON EMISSION IN INITIAL YEAR ;

YGROSS(T)..   Y(T)=E=TFP*K(T)**ALPH*ES(T)**(1–ALPH)*LABOR(T)**GAMM;

UTILEQ(T)..   PERIODU(T)=E=((C*Y(T)/POP(T))**(1–SIGM)–1)/(1–SIGM)*POP(T)
*(1+RHO)**(1–ORD(T));

UTIL..   UTILITY=E=SUM(T,PERIODU(T+1));

KDYN(T+1)..   K(T+1)=E=K(T)*(1-DLTK)+INV(T+1);

ESCMP(T)..   ES(T)=E=TFPES*(AE*E(T)**RHES+AH*HE(T)**RHES)**(1/RHES);

HEDYN(T+1)..   HE(T+1)=E=TFPRD*IRD(T+1)**THRD*HE(T)**PHRD+HE(T)*(1–DLTRD);

EMEQ(T+1)..   M(T+1)=E=COEF(T+1)*E(T+1);

EMQEQ(T+1)..   MQ(T+1)=E=MQ(T)+M(T+1);

BUDGET(T)..   (1–C–IRD(T))*Y(T)=E=INV(T)+THLT*E(T);

CONS(T+1)..   E(T+1)=L=E(T)*(1+EVAR);

CONS2(T+1)..   E(T+1)=G=E(T)*(1–EVAR);

CONS3(T+1)..   IRD(T+1)=G=IRD(T);

KINT(TFIRST)..   K(TFIRST)=E=K0;

EINT(TFIRST)..   E(TFIRST)=E=E0;

HEINT(TFIRST)..   HE(TFIRST)=E=HE0;

MQINT(TFIRST)..   MQ(TFIRST)=E=MQ0;

MODEL   EMSBASE   /ALL/;

EQUATION

ABTTRGT(T)   ABATEMENT TARGET   ;

ABTTRGT(TLAST).. MQ(TLAST)=L=MQT;

```
MODEL                    EMSTAR        /ALL/;
```

* Fetch Parameter Datafrom Excel File Named 'BASIC_param.xlsx'

```
$CALL   GDXXRW.EXE    BASIC_param.xlsx    output=EMS_basic_param.gdx    par=VALUEB
rng=EMS_PARAM!A2:B18   Rdim=1   par=COEF   rng=EMS_PARAM!G3:H46   Rdim=1
par=POP   rng=EMS_PARAM!D3:E46   Rdim=1
$GDXIN   EMS_basic_param.GDX
$LOAD   VALUEB    COEF    POP
$GDXIN
```

* Fetch Parameter Datafrom Excel File Named 'EMS_param.xlsx'

```
$CALL   GDXXRW.EXE    EMS_param.xlsx    output=EMS_adj_param.gdx    par=VALUEA
rng=PARM!A2:B10   Rdim=1
$GDXIN   EMS_adj_param.GDX
$LOAD   VALUEA
$GDXIN
```

```
C=VALUEA('C');
TFP=VALUEB('TFP');
ALPH=VALUEB('ALPH');
GAMM=VALUEB('GAMM');
DLTK=VALUEB('DLTK');
TFPES=VALUEB('TFPES');
AE=VALUEB('AE');
AH=VALUEB('AH');
RHES=VALUEB('RHES');
TFPRD=VALUEB('TFPRD');
THRD=VALUEB('THRD');
PHRD=VALUEB('PHRD');
DLTRD=VALUEB('DLTRD');
SIGM=VALUEA('SIGM');
RHO=VALUEA('RHO');
LPRT=VALUEA('LPRT');
THLT=VALUEA('THLT');
EVAR=VALUEA('EVAR');
K0=VALUEB('K0');
HE0=VALUEB('HE0');
MQ0=VALUEB('MQ0');
```

```
E0=VALUEB('E0');
IRD0=VALUEB('IRD0');
MQT=VALUEA('MQT');

LABOR(T)=POP(T)*LPRT;
IRD.FX('2007')=IRD0;

OPTION                    NLP=CONOPT;
OPTION                    BRATIO=1;

SETS
J                         USED FOR HOLDING RESULTS              /1*21/
JINDEX(J);
ALIAS(J,I);

SCALARS
INDEX                     ITERATOR FOR STORING RESULTS          /1/
CSTRT                     STARTING POINT OF C TO SIMULATE       /0.40/
CINCR                     INCREMENT OF C BETWEEN EACH SIMULATION /0.01/;

PARAMETERS
BASE_Y(T,J)               IN 100M YUAN
BASE_K(T,J)               IN 100M YUAN
BASE_KP(T,J)              IN UNIT
BASE_INV(T,J)             IN 100M YUAN
BASE_IRD(T,J)             IN %
BASE_ENRG(T,J)            IN MTOE
BASE_ES(T,J)              IN MTOE
BASE_EMS(T,J)             IN MTC
BASE_EMQ(T,J)             IN MTC
BASE_UTIL(J)
BASE_EI(T,J)              IN TOE PER 10000 YUAN
BASE_EEI(T,J)             IN TC PER 10000 YUAN
TAR_Y(T,J)IN              100M YUAN
TAR_K(T,J)                IN 100M YUAN
TAR_KP(T,J)               IN UNIT
TAR_INV(T,J)              IN 100M YUAN
TAR_IRD(T,J)              IN %
```

```
TAR_ENRG(T,J)          IN MTOE
TAR_ES(T,J)            IN MTOE
TAR_EMS(T,J)           IN MTC
TAR_EMQ(T,J)           IN MTC
TAR_UTIL(J)
TAR_EI(T,J)            IN TOE PER 10000 YUAN
TAR_EEI(T,J)           IN TC PER 10000 YUAN ;


LOOP(J, C=CSTRT+CINCR*(INDEX−1);
      K.L(TFIRST)=K0;
      HE.L(TFIRST)=HE0;
      MQ.L(TFIRST)=MQ0;
      E.L(T)=E0;
      IRD.L(T)=IRD0;
      LOOP(T, ES.L(T)=TFPES*(AE*E.L(T)**RHES+AH*HE.L(T)**RHES)**(1/RHES);
          Y.L(T)=TFP*K.L(T)**ALPH*ES.L(T)**(1−ALPH)*LABOR(T)**GAMM;
          PERIODU.L(T)=((C*Y.L(T)/POP(T))**(1−SIGM)−1)/(1−SIGM)*POP(T)*(1+RHO)
          **(1−ORD(T));
          INV.L(T+1)=(1−C−IRD.L(T+1))*Y.L(T)−THLT*E.L(T+1);
          K.L(T+1)=K.L(T)*(1−DLTK)+INV.L(T+1);
          HE.L(T+1)=HE.L(T)*(1−DLTRD)+TFPRD*IRD.L(T+1)**THRD*HE.L(T)**PHRD;
          M.L(T)=COEF(T)*E.L(T);
          MQ.L(T)$(ORD(T)>1)=MQ.L(T−1)+M.L(T)
      );
      UTILITY.L=SUM(T,PERIODU.L(T+1));
      SOLVE   EMSBASE   MAXIMIZING   UTILITY   USING   NLP;

      JINDEX(I)=YES$(ORD(I)EQ INDEX);
      BASE_Y(T,JINDEX)=Y.L(T);
      BASE_K(T,JINDEX)=K.L(T);
      BASE_KP(T,JINDEX)=HE.L(T);
      BASE_INV(T,JINDEX)=INV.L(T);
      BASE_IRD(T,JINDEX)=IRD.L(T);
      BASE_ENRG(T,JINDEX)=E.L(T)/100;
      BASE_ES(T,JINDEX)=ES.L(T)/100;
      BASE_EMS(T,JINDEX)=M.L(T)/100;
      BASE_EMQ(T,JINDEX)=MQ.L(T)/100;
      BASE_UTIL(JINDEX)=UTILITY.L;
```

```
BASE_EI(T,JINDEX)=E.L(T)/Y.L(T);
BASE_EEI(T,JINDEX)=M.L(T)/Y.L(T);

SOLVE EMSTAR MAXIMIZING UTILITY USING NLP;
TAR_Y(T,JINDEX)=Y.L(T);
TAR_K(T,JINDEX)=K.L(T);
TAR_KP(T,JINDEX)=HE.L(T);
TAR_INV(T,JINDEX)=INV.L(T);
TAR_IRD(T,JINDEX)=IRD.L(T);
TAR_ENRG(T,JINDEX)=E.L(T)/100;
TAR_ES(T,JINDEX)=ES.L(T)/100;
TAR_EMS(T,JINDEX)=M.L(T)/100;
TAR_EMQ(T,JINDEX)=MQ.L(T)/100;
TAR_UTIL(JINDEX)=UTILITY.L;
TAR_EI(T,JINDEX)=E.L(T)/Y.L(T);
TAR_EEI(T,JINDEX)=M.L(T)/Y.L(T);
INDEX=INDEX+1;
);


* Save Simulation Results of Base case and Policy case to Excel Files
$BATINCLUDE     OUTPUT_EMS.GMS     EMSBASE.XLS     EMSTAR.XLS
--------------------------------------------END--------------------------------------------
```

第二篇　产业结构篇

第6章　引入产业结构的平稳增长控制模型

除了提高能源利用效率以外，减缓温室气体排放以应对气候变化的另一个途径是调整产业结构，降低高耗能产业在经济结构中的比重，从而实现节约能源和降低排放的目的。

中国工业化阶段起步较晚，工业等高耗能部门仍然在国民经济中占有很高的比重。在经济快速增长进程中，工业部门的贡献尤为突出（图6.1），且在1978～2010年比重基本保持不变，从初期的0.44降至末期的0.40。由于能源密集型产业，如钢铁、水泥、化工和能源生产等，主要集中在工业部门，因此，国民经济以工业部门带动的增长方式对能源和碳排放的贡献较大。

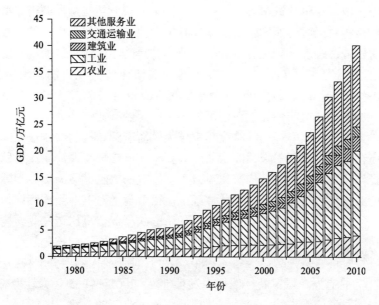

图6.1　我国1978～2010年主要产业部门的GDP（2010年可比价）

从图6.1中还可以看出，除交通运输部门之外的第三产业产值增长较快，仅次于工业部门，而且在国民经济中所占比重也有上升趋势，从1978年的19%增至2010年的38%。由于该部门的能源需求显著低于工业部门，因此，该部门比重提高有利于减缓能源消费和碳排放的增长势头。

此外，交通运输和建筑业部门的能源依赖度也相对较高，仅次于工业部门。其中，交通运输部门在经济总量中的比重较为稳定，维持在0.05左右；而建筑业部门近年来发展迅速，比重由1978年的4%增长到2010年的7%，对能源消费和碳排放有正的贡献。相反，农业部门的结构比重则由28%降至10%。

总体来看，能源密集型产业部门——工业、交通运输业和建筑业部门的比重基本保持稳定；农业和其他服务业部门的比重变动幅度较大，前者下降 18 个百分点，后者提高 19 个百分点。但由于产业结构调整仅限于非能源密集型产业部门，而不是能源密集型和非能源密集型产业部门之间，因此，产业结构变动对能源需求和碳排放的综合影响较弱。

6.1　产业结构减排潜力分析

2010 年我国 GDP 超过日本成为第二大经济体，但能源强度却是日本的 5 倍；同年我国 GDP 刚刚达到美国的 1/3，而碳排放量早在 2007 年就超过了美国。在能源消费和碳排放大幅增长的背后，除了经济增长因素以外，产业结构因素更值得关注。杨喜爱等（2012）通过核算各部门的经济总量和碳排放量，发现黑色及有色金属、石油加工与炼焦、非金属矿物和化学工业等部门经济贡献率仅为 9.6%，而碳排放贡献率却高达 52.4%。由此可见，通过产业结构调整可以在实现减排的同时付出较小的经济代价。

另外，产业结构调整也将通过高耗能行业与非高耗能行业的比重间接影响能源强度的变化。Smil（1990）和 Kambara（1992）认为早期产业结构从能源密集型行业向非能源密集部门的转移对当时的能源消费变动起到了主要作用；然而更多的学者对近几年的数据分析发现，能源强度下降主要依赖能源效率的提高，产业结构变动幅度较小，对能源强度下降的贡献有限，能源效率效应已然取代结构效应成为能源消费的支配因素（Zhang, 2003; Liao et al., 2007;Liu and Ang, 2007;Zha et al., 2009）。Fisher-Vanden 等（2004）和 Dai 等（2004）的研究将中国能源强度的下降归因于产业结构调整、技术进步以及最终需求改变。鉴于能源效率提高的难度越来越大，而产业结构的减排潜力尚待挖掘，因此，我国政府在十二五规划中强调，将通过调整产业结构来实现节能减排目标。

已有实证研究发现，产业结构变化对减少碳排放的贡献甚微。然而国际上能源强度低的国家，产业结构也相对先进。在此背景下，很多学者对产业结构应该如何转变以实现减排展开了研究。张雷和黄园淅（2008）利用三次产业比重构造产业结构演进指数，分析并比较其与能源消费量和能源强度在各国所表现出来的不同相关趋势，借此对我国产业结构演进阶段进行了划分：1952～1980 年为具有工业化初期典型特征的初始阶段，1981～2000 年为具有发达国家特征的稳定发育阶段，2001～2005 年为转型时期；刘卫东等（2010）采用情景分析方法，探讨了结构调整与工业节能、建筑节能、交通节能、非化石能源替代等对减排的贡献，认为结构调整在 2020 年的贡献或将达到 61.5%和 67.2%（不同情景）；蔡圣华等（2011）从产业的消费结构和投资结构中推演出产业结构随人均收入的演化趋势，借此分析了我国未来碳排放强度的变化情况，认为随着人均收入的提高，消费模式转变将带动产业结构发挥降低碳排放强度的作用，使碳排放强度呈倒 U 型发展趋势。

为此，本章首先对能源强度的下降趋势以及产业结构演化的减排潜力进行分析。我们认为，产业结构演化有两层涵义：狭义来讲，是指不同产业部门的产出比重发生变化；广义来讲，还包括部门内部高技术、高附加值以及高能效的产业对低附加值和低能效产业的替代。而后者表现为各产业部门能源效率的提高，也即能源强度的下降。

作为后起的发展中国家，我国的工业化起步晚，当前还尚未逾越这一发展阶段。同时，受国际产业分工的影响，国际制造业中心的地位也促成了我国当前以制造业为支柱产业的局面。这一方面造成我国经济发展中过度依赖能源密集型产业，另一方面也制约了我国产业结构向第三产业和服务业的转移。

通过比较我国与美国、欧盟、日本等发达国家在产业结构上的差别，将有助于认清我国碳排放居高不下的原因，以及步入发达国家发展阶段情景下所具有的减排潜力。根据对产业结构广义的理解，我们分别对比了各产业部门的能源强度（图 6.2）以及各产业部门的结构比重（图 6.3）。其中，各部门能源强度由各部门能源消费量和对应的该部门总产出的比值表示。

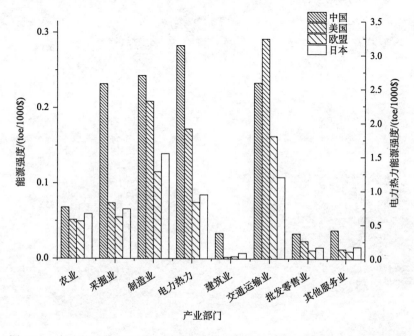

图 6.2　中美欧日各产业部门的能源强度对比图（电力热力部门见右侧 Y 轴）

资料来源：GTAP 数据库

从图 6.2 中各产业能源强度对比情况来看，目前，除交通运输部门以外，我国在所有其他行业部门上的能源强度都超过美欧日等发达国家，尤其在采掘业（主要是煤炭石油开采）、电力热力行业、建筑业和其他服务业更是远超其他发达国家。而美国在交通运输部门的单位能耗则远远高于包括中国在内的其他国家，反映出美国的生活能源消费突出的现象。通过计算，我们发现，我国与能耗最低国家的差距由大到小的产业以及高出能耗最低国家的幅度依次为建筑业（1589%）、采掘业（321%）、电力热力（278%）、其他服务业（275%）、批发零售业（196%）、交通运输业（116%）、制造业（111%）和农业（37%）。

除了本身具有高能耗特征的电力热力这一能源转化行业以外，制造业、采掘业以及交通运输业是我国能耗强度最高的产业部门。交通运输业的能源强度虽然低于美国，但与欧盟和日本相比，仍然具有一定的差距。降低这三个产业的比重或提高它们的能源效率将有助于我国节能减排。值得注意的是，传统的认识认为农业部门比重大是产业落后的表现，而事实上我国农业部门的能源效率与其他发达国家相比差距最小。因此，从节能减排角度来说，降低农业部门比重没有积极意义，反而将威胁人口大国——中国的粮食安全。

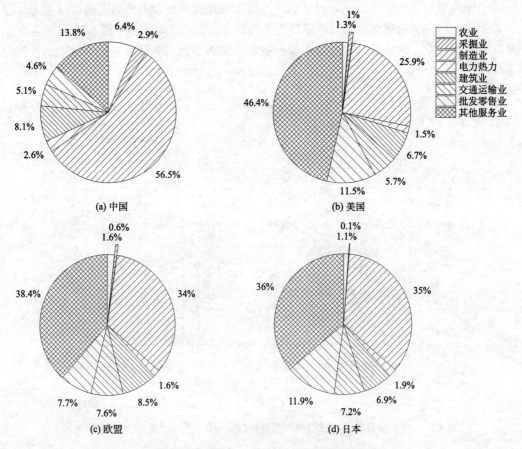

图 6.3　中美欧日各产业部门的结构比重对比图

资料来源：GTAP 数据库

　　从产业结构比重对比（图 6.3）中可以明显看出我国产业结构有三大特征：一是我国农业和采掘业的比重均高于其他发达国家，这是与我国人口众多、农业人口比例较高的国情相适应的，也是保障粮食安全所必须的；二是我国制造业比重显著偏高，达 56.5%，为名符其实的"支柱产业"，而其他发达国家仅占 25%～35%，考虑到制造业的高能耗属性，降低该产业部门比重将获得巨大的减排潜力；三是我国批零贸易与其他服务业比重过低，分别仅相当于其他发达国家的 1/2 和 1/3。因此，从产业部门的结构调整角度来看，我国还存在较大的减排潜力。

　　为进一步审视我国的减排潜力，假设我国各部门能源强度可以提高到各发达国家的水平，可以得出通过能源效率提高我国可实现的减排量；假设我国产业结构可以调整到各发达国家的比重，可以得知通过产业结构调整的减排潜力，结果如表 6.1 所示。

表 6.1　广义产业结构升级的减排潜力

情景		中国	美国	欧盟	日本
能源效率提高的减排潜力	能源消费量（Mtoe）	2462.54	1867.85	996.01	1153.41
	减排百分比		−24%	−60%	−53%
产业结构调整减排潜力	能源消费量（Mtoe）	2462.54	1474.97	1685.79	1763.95
	减排百分比		−40%	−32%	−28%

　　表 6.1 表明，同时实施能源技术提高与产业结构调整，我国尚有较大的减排潜力：通过提高各产业能源效率至美国、欧盟和日本的水平，可分别减排 24%、60% 和 53%；通过调整产业结构至这些国家的水平，可分别减排 40%、32% 和 28%。然而，步入发达国家的发展阶段，达到高效的能源使用效率，实现与发达国家类似的产业结构并非通过一朝一夕便可一蹴而就的。相反，这是一个非常复杂的发展过程。从过去 30 多年产业结构演变速度来看，产业结构的变动幅度并不大。因此，我们需要对我国产业结构的演变趋势进行预测，以发现我国产业结构调整的真实减排潜力。

6.2　多部门跨期动态优化模型

　　为了研究产业结构动态优化趋势，朱永彬和王铮（2014）将最优经济增长理论与一般均衡模型相结合：以平稳增长模型的动态优化思想描述经济体的发展路径选择问题，即在社会福利最大化目标下，对各期消费与投资进行抉择，寻找消费的时间路径，得到资本推动下的最优经济增长路径；一般均衡模型的优势在于对经济结构与部门之间投入产出关系的详细刻画。为此，新构建的模型可用于模拟福利最大化目标下部门产出结构的动态调整趋势。与单部门的平稳增长模型框架不同，新模型的社会福利函数由各部门消费所带来的效用决定，因此，消费者对各部门产品的消费偏好，即效用权重，将影响最终的产业结构调整方向。此外，各部门之间的联系由投入产出关系刻画；经济动态演化表现为各部门的资本积累与新增投资在不同部门之间的分配过程。模型结构如图 6.4 所示。

　　为了考察产业结构的演化趋势，需要对产业部门进行细分，进而分部门描述企业的生产行为以及部门之间的投入产出关系。沿承单部门跨期优化模型框架，各部门的生产活动由各自的生产函数描述，在此我们采用简化的两层嵌套结构，即部门总产出由中间投入和增加值嵌套构成，并假设中间投入之间以及中间投入与增加值之间不可替代；增加值采用 CD 形式生产函数，由资本和劳动力要素生产出来：

$$Y_{i,t} = \min\left\{\frac{M_{1,i,t}}{a_{1,i}}, \cdots, \frac{M_{k,i,t}}{a_{k,i}}, \cdots, \frac{M_{n,i,t}}{a_{n,i}}, \frac{V_{i,t}}{v_i}\right\}, i,k = 1, \cdots, n \qquad (6.1)$$

$$V_{i,t} = A_{i,0} \exp(\upsilon_i t) K_{i,t}^{\alpha_i} L_{i,t}^{1-\alpha_i}, \quad i = 1, \cdots, n \qquad (6.2)$$

式中，Y、M、V、K 和 L 分别指代总产出、中间投入、增加值、资本和劳动；$a_{k,i}$ 和 v 分别表示直接消耗系数与各部门的增加值比例系数；A_0 和 υ 分别表示初始时刻的全要素生产率及其年度增长率,用来表征技术进步驱动的生产率提高;α 为资本的产出弹性,在此假设规模报酬不变,因此,劳动力的产出弹性为 $1-\alpha$;下标 k 和 i 对应各个部门,下标 t 表示时间,对应各个时期。

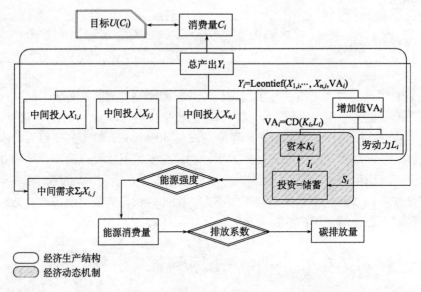

图 6.4　多部门跨期动态优化（MIDO）模型结构图

各部门生产出来的产品满足三方面需求——中间投入需求、投资和消费需求。其中,中间投入是保证产品生产的基本要素,投资通过增加资本存量促进经济增长,消费用于满足社会成员的各项需要,社会福利用消费效用表征,模型的优化目标为

$$\max W = \sum_{t=0}^{T} U(C_1,\cdots,C_i,\cdots,C_n)(1+\rho)^{1-t} \tag{6.3}$$

$$U(\cdot) = \sum_{i=1}^{n} \omega_i \log C_i \tag{6.4}$$

式（6.3）和式（6.4）中,W、U 和 C 分别表示社会福利、即期效用和消费量;ρ 和 ω 为时间贴现率和消费偏好权重。社会计划者在进行资源优化配置以使社会福利最大的过程中,还需满足以下预算约束条件:首先,各部门的总产出一部分以中间产品的形式投入其他部门的生产,另一部分则作为最终使用供消费者消费或用于新增资本投资。因此,最终使用量 F 为总产出与中间需求之差:

$$F_{i,t} = Y_{i,t} - \sum_{k=1}^{n} M_{i,k,t} \tag{6.5}$$

在此封闭经济体中,最终使用仅考虑投资与消费（包括居民消费、政府消费与净出口）。因此,最终使用扣除消费的部分即为各部门的投资供给量,也即各部门的储蓄量 S 为

$$S_{i,t} = F_{i,t} - C_{i,t} \tag{6.6}$$

新增投资将增加部门的资本存量，具体投资流向由模型内生决定。可以预见，在目标式（6.3）的优化过程中，新增投资将流向消费偏好权重较高或资本边际产出较高的部门。各部门的资本积累过程可由式（6.7）表示：

$$K_{i,t+1} = (1-\delta)K_{i,t} + I_{i,t} \tag{6.7}$$

根据预算约束条件，投资供给量与投资需求量应始终保持均衡：

$$\sum_{i=1}^{n} S_{i,t} = \sum_{i=1}^{n} I_{i,t} \tag{6.8}$$

以上方程构建了多部门的跨期动态优化模型，而经济产出与能源需求之间的关系由能源强度联系起来，能源需求与碳排放量之间的关系则通过排放系数联系起来：

$$E_{i,t} = \tau_{i,t} Y_{i,t} \tag{6.9}$$

式中，$\tau_{i,t}$ 表示 i 部门 t 时刻的能源强度，作为模型的技术进步情景外生给定；$E_{i,t}$ 相应地表示 i 部门 t 时刻的能源需求量。未来各期的碳排放量由当期的能源消费量决定：

$$Q_t = \kappa_t \sum_i E_{i,t} \tag{6.10}$$

式中，κ_t 代表 t 时刻的综合碳排放系数，其反映了能源结构的变化。而能源结构的变化采用与 2.2 节产业结构预测模型类似的方法得到，该演化趋势是历史演变特征的延续。

由于期末的减排目标容易发生突击减排的现象，如十五期间各地为完成能源强度降低 20% 的目标采取拉闸限电的手段。因此，我们选择累积排放量作为减排指标，来研究减排目标约束下的产业结构优化和经济增长路径问题。

$$M_t = M_{t-1} + Q_t \tag{6.11}$$

$$M_T \leqslant \bar{M} \tag{6.12}$$

式中，M_t 表示截至 t 时刻的累积排放量；T 为规划期；$\bar{M}$ 为累积排放上限，即减排目标。

至此，引入产业结构的平稳增长模型——多部门跨期动态优化（MIDO）模型，可描述为

$$\max W$$

$$\text{s.t.} \begin{cases} K_{i,t+1} = (1-\delta)K_{i,t} + I_{i,t} \\ F_{i,t} = Y_{i,t} - \sum_{k=1}^{n} M_{i,k,t} \\ S_{i,t} = F_{i,t} - C_{i,t} \\ \sum_{i=1}^{n} S_{i,t} = \sum_{i=1}^{n} I_{i,t} \\ E_{i,t} = \tau_{i,t} Y_{i,t} \\ Q_t = \kappa_t \sum_i E_{i,t} \\ M_t = M_{t-1} + Q_t \\ M_T \leqslant \bar{M} \end{cases} \tag{6.13}$$

此外，鉴于经济危机给减排努力以及经济健康本身所带来的危害，我们希望经济增长过程是平稳可持续的。因此，对各种情景产业结构优化路径的模拟都是在经济平稳增

长的前提下进行的。经济的平稳增长要求消费率恒定，即消费与最终使用保持同步增长，不会出现消费不足和过剩的现象，由此可以避免出现类似 2008 年美国信贷政策引发的经济危机，即

$$C_{i,t} = c_i F_{i,t} \qquad\qquad (6.14)$$

6.3　数据与参数估计

根据经济部门的能源消耗特征，我们将经济体划分为 14 个部门。其中，高耗能行业共计 8 个部门，分别为煤炭产业（Coal）、石油产业（OilProd）、天然气产业（GasProd）、化学工业（Chemic）、金属产业（Metals）、矿业（Mineral）、交通运输业（Transp）及电力工业（Electric）部门；非高耗能行业有 6 个部门，分别为农业（Agricul）、衣食制造业（FoodClo）、轻工业（LhtMnfc）、重工业（HvyMnfc）、建筑业（Constr）和其他服务业（OthServ）。这 14 个部门合并后与 GTAP 数据库 57 个部门、2007 年中国投入产出表 135 个部门之间的对应关系参见附表 1。各部门在 2007 年的能源强度及经济结构比重如图 6.5 所示。

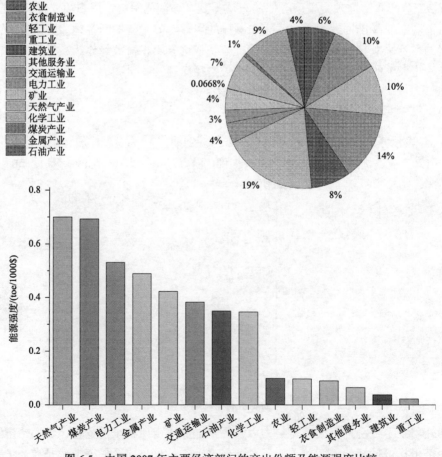

图 6.5　中国 2007 年主要经济部门的产出份额及能源强度比较

其中，经济结构由各部门的总产出比重计算得到，各部门的能源强度由能源消费量与总产出的比值计算而来。其中，各部门经济产出数据来自 GTAP 数据库（版本 8，2007年数据，下同）ASAM 表的 Total 字段，能源消费量数据由国内供给与进口的用于中间投入的能源之和表示，分别来自 GTAP 数据库的 EDF 和 EIF 表。

从图 6.5 中可以看出，8 个高耗能部门的能源强度明显高于其他 6 个非高耗能部门。高耗能部门按照生产过程能源密集程度由高到低依次是天然气生产部门（GasProd）、煤炭生产部门（Coal）、电力生产部门（Electric）、金属部门（Metals）、矿业部门（Mineral）、交通运输部门（Transp）、石油生产部门（OilProd）和化工部门（Chemic）；而非高耗能部门按照生产过程能源密集程度由低到高依次为重工业部门（HvyMnfc）、建筑业部门（Constr）、其他服务业部门（OthServ）、衣食制造业部门（FoodClo）、轻工业部门（LhtMnfc）和农业部门（Agricul）。总体而言，高耗能部门的能源强度高于非高耗能部门至少 4 倍。

与我们的常识认识不一致的是，重工业（HvyMnfc）和建筑业（Constr）部门的能源强度最低，而农业（Agricul）、轻工业（LhtMnfc）等部门的能源强度反而较高。这是因为这里所计算的能源强度使用的是直接能源消费量，虽然重工业（HvyMnfc）和建筑业（Constr）的直接能源使用量很低，但是它们所使用的中间产品，如钢铁、水泥等却属于高能耗部门。因此，对重工业（HvyMnfc）和建筑业（Constr）的最终需求过剩将间接增加对高耗能行业的需求，带来整个经济体能源强度的提高。此外，这里的重工业部门是除单列的各高耗能部门以外的重工业部门，因此，能源强度较低。

6.3.1　参数估计

在进行正式模拟之前，需要对模型的参数进行估计，确定初始时刻的经济变量数据。下面逐一对各参数估计方法和所用数据来源进行详细说明。

（1）直接消耗系数 $a_{k,i}$：通过 A 部门所需各种中间投入量与 A 部门的总产出之比计算得到。根据 GTAP 数据库提供的 2007 年中国社会核算矩阵数据 ASAM 表中对应国内部门行和活动部门列的数据表示直接投入量，Total 对应列为各部门总产出量（详见附表 2），得到直接消耗系数矩阵如表 6.2 所示。

（2）增加值比例系数 v_i：由各部门增加值占总产出的比例计算得到。同样基于 GTAP 数据库 2007 年中国社会核算矩阵 ASAM 表中增加值与总产出数据，得到增加值比例系数如表 6.3 所示。

（3）资本产出弹性 α_i：根据资本边际产出等于资本回报率的关系 $\dfrac{\partial V}{\partial K} = \alpha \dfrac{V}{K} = r$，可得出 $\alpha = \dfrac{rK}{V}$，即资本产出弹性为资本报酬占增加值的比重。基于 GTAP 数据库 2007年中国社会核算矩阵 ASAM 表中增加值及各组成部分的数据，计算资本产出弹性如表 6.3 所示。其中，对于部分部门增加值中包含土地和资源的情况，我们均将其视作资本。

（4）初期全要素生产率 $A_{i,0}$：由于分部门数据最新最全的年份为 2007 年，因此，本研究将 2007 年定为初期。全要素生产率的确定通过将增加值、资本和劳动力数据代入

表 6.2　直接消耗系数矩阵

	Agricul	FoodClo	Coal	OilProd	GasProd	Chemic	Mineral	Metals	LhtMnfc	HvyMnfc	Electric	Constr	Transp	OthServ
Agricul	0.1181	0.2483	0.0073	0.0000	0.0000	0.0320	0.0006	0.0001	0.0516	0.0000	0.0000	0.0044	0.0136	0.0170
FoodClo	0.0888	0.3083	0.0068	0.0036	0.0037	0.0292	0.0108	0.0060	0.0465	0.0070	0.0089	0.0080	0.0149	0.0443
Coal	0.0010	0.0013	0.0193	0.0417	0.0741	0.0022	0.0123	0.0024	0.0008	0.0002	0.1643	0.0002	0.0005	0.0003
OilProd	0.0163	0.0016	0.0064	0.4061	0.3849	0.0363	0.0172	0.0347	0.0017	0.0027	0.0310	0.0118	0.1209	0.0058
GasProd	0.0000	0.0000	0.0000	0.0018	0.0857	0.0024	0.0007	0.0003	0.0001	0.0001	0.0029	0.0000	0.0001	0.0002
Chemic	0.0513	0.0351	0.0167	0.0099	0.0053	0.3450	0.0672	0.0168	0.0650	0.0502	0.0037	0.0335	0.0110	0.0367
Mineral	0.0011	0.0038	0.0111	0.0041	0.0011	0.0217	0.1841	0.0935	0.0066	0.0136	0.0030	0.2124	0.0017	0.0026
Metals	0.0021	0.0036	0.0712	0.0145	0.0124	0.0166	0.0450	0.3426	0.0690	0.1699	0.0073	0.1740	0.0064	0.0050
LhtMnfc	0.0045	0.0281	0.0233	0.0041	0.0078	0.0224	0.0451	0.0458	0.2861	0.0266	0.0189	0.0256	0.0610	0.0463
HvyMnfc	0.0040	0.0070	0.0736	0.0218	0.0137	0.0177	0.0423	0.0336	0.0508	0.2483	0.0910	0.0585	0.0197	0.0312
Electric	0.0107	0.0196	0.0553	0.0277	0.1572	0.0503	0.0464	0.0584	0.0127	0.0085	0.0752	0.0031	0.0059	0.0127
Constr	0.0002	0.0002	0.0015	0.0004	0.0004	0.0004	0.0004	0.0003	0.0002	0.0002	0.0005	0.0096	0.0031	0.0071
Transp	0.0112	0.0201	0.0559	0.0109	0.0087	0.0249	0.0476	0.0210	0.0191	0.0182	0.0164	0.0757	0.0781	0.0293
OthServ	0.0450	0.0583	0.0917	0.0255	0.0213	0.0630	0.0762	0.0533	0.0594	0.0715	0.1137	0.0734	0.1305	0.1595

表 6.3　模型主要参数取值表

参数	Agricul	FoodClo	Coal	OilProd	GasProd	Chemic	Mineral	Metals	LhtMnfc	HvyMnfc	Electric	Constr	Transp	OthServ
(2)	0.6208	0.1777	0.5106	0.1717	0.1491	0.1915	0.3130	0.1759	0.2381	0.1815	0.3966	0.2483	0.4782	0.5565
(3)	0.3935	0.4452	0.6390	0.7305	0.7477	0.5541	0.5075	0.5570	0.5453	0.4959	0.6659	0.3494	0.6380	0.4929
(4)	1.2044	1.7105	0.8799	0.5860	0.1480	1.3241	2.0823	1.3506	1.8971	1.8235	0.6656	2.1540	0.8976	1.1425
(5)	0.0361	0.0272	0.0000	0.0223	0.0094	0.0307	0.0380	0.0327	0.0348	0.0328	0.0216	0.0400	0.0360	0.0307
(6)	0.0605	0.1504	0.0017	0.0176	0.0006	0.0394	0.0098	0.0355	0.0995	0.1812	0.0125	0.0056	0.0387	0.3469
(7)	0.9059	1.0000	1.0000	1.0000	1.0000	1.0000	1.0000	0.9032	0.6879	0.6887	1.0000	0.0209	0.9725	0.9269
(8)	0.0983	0.0895	0.6922	0.3496	0.6996	0.3460	0.4224	0.4892	0.0965	0.0219	0.5309	0.0376	0.3819	0.0644

表 6.4　未来各部门劳动力数

（单位：百万人）

年份	Agricul	FoodClo	Coal	OilProd	GasProd	Chemic	Mineral	Metals	LhtMnfc	HvyMnfc	Electric	Constr	Transp	OthServ
2007	298.17	25.55	4.75	5.85	0.17	15.53	11.56	17.95	25.74	30.23	3.86	60.23	25.99	227.64
2010	271.00	27.64	5.13	6.33	0.19	16.80	12.51	19.43	27.85	32.71	4.18	65.17	28.04	244.08
2020	234.46	29.88	4.08	5.94	0.13	18.16	12.53	21.00	30.10	35.35	2.93	72.94	30.32	287.31
2030	194.93	30.94	3.52	5.72	0.13	18.81	12.51	21.75	31.17	36.61	2.88	78.99	31.70	312.50
2040	157.97	31.08	3.07	5.45	0.12	18.89	12.24	21.84	31.31	36.77	2.79	82.08	32.16	324.45
2049	130.19	30.93	2.73	5.23	0.12	18.80	11.96	21.74	31.16	36.60	2.71	83.58	32.23	330.06
2050	127.40	30.90	2.69	5.20	0.12	18.78	11.93	21.72	31.13	36.56	2.70	83.69	32.22	330.46

式（6.2）求得。其中，增加值数据如上所述来自 GTAP 数据库；2007 年劳动力数据来自《中国统计年鉴》分行业就业人员表，但是部门分类与本研究不一致，处理方法是借助于 2007 年中国投入产出表 135 个部门的劳动者报酬数据，假设行业大类的工资率相同，将统计年鉴中行业大类的就业人数按照投入产出表行业小类的劳动者报酬比重进行分配，由此得到 135 个部门的劳动力数量，进而根据附表 1 的部门关系合并为本研究所需的数据。2007 年资本存量数据同样根据 2007 年中国投入产出表的固定资产折旧与 GTAP 数据库给出的中国 2007 年资本存量，计算得出资本折旧率，假设各部门资本折旧率相同，将总资本存量按照各部门固定资产折旧量进行分摊，得到 135 个部门的资本存量数据，进而根据附表 1 的部门关系合并为本研究所需数据。通过代入式（6.2），得到初期全要素生产率，如表 6.3 所示。

（5）技术进步速率 υ_i：按照上述计算初期全要素生产率的方法，利用 2002 年中国投入产出表计算得到 2002 年各部门全要素生产率，通过 2002 年和 2007 年的全要素生产率计算得到年均技术进步速率，如表 6.3 所示。

（6）消费偏好权重 ω：根据边际效用相等的假设，即理性消费者在选择消费哪个部门产品时，总是选择能给自己带来最大边际效用的产品，当达到均衡状态时，消费者从各个部门产品消费中所获得的边际效用应该相等，即 $U_i' = U_k' \Rightarrow \dfrac{\omega_1}{C_1} = \cdots = \dfrac{\omega_i}{C_i} = \cdots = \dfrac{\omega_n}{C_n}$ 。由此，根据 GTAP 数据库中 ASAM 表合并的消费数据（包括政府消费、私人消费和净出口），计算得到各部门的消费偏好权重，并对其进行标准化，使其加和为 1，如表 6.3 所示。

（7）消费率 c_i：为保证经济平稳增长，需使各部门的消费率恒定。根据 GTAP 数据库 2007 年中国各部门的消费量及最终使用量数据计算得到，如表 6.3 所示。

（8）能源强度 $\tau_{i,t}$：初期的能源强度由能源消费量与总产出的比值计算而来。二者数据均来自 GTAP 数据库，能源消费量数据为国内供给与进口的用于中间投入的能源之和，分别来自 GTAP 数据库的 EDF 和 EIF 表。未来各期的能源强度数据由假设的能源强度下降速率计算得到，具体参见情景设定一节。初期能源强度如表 6.3 所示。

（9）综合碳排放系数 κ_t：该系数反映了能源结构的演化，通过 Markov 模型将历史演化趋势进行外推，得到未来各期的能源结构比重。进而将各能源品种的结构比重乘以相应的碳排放系数加总得到综合排放系数。其中，煤炭、石油和天然气的排放系数分别取 1.0052、0.753 和 0.6173（单位标准油所释放的单位碳等价物）。

（10）其他参数：根据 2007 年中国投入产出表的固定资本折旧和 GTAP 数据库中给出的资本存量总额，计算得到资本折旧率 δ 为 5.1%，时间贴现率 ρ 取 0.05。

此外，对未来各部门劳动力的预测同时考虑了未来我国人口变化和劳动力在各部门之间的流动，具体方法如下：首先，根据我国未来人口预测数据与劳动参与率，计算得到未来各期的劳动力总数。其中，人口预测数据来自联合国人口司发布的"世界人口展望"（*World Population Prospects: The 2010 Revision*）的高增长情景。根据《中国统计年鉴》分部门劳动力人口历史数据，利用 Markov 模型预测劳动力在各部门的比重变化。与劳动力总数的乘积即为各部门的劳动力人数。此时得到的是按照统计年鉴划分的部门劳动力数，仍需要在部门内部工资率相等的假设下，借助 2007 年投入产出表 135 个细类

部门将部门劳动力数分配到 135 个部门，再按照附表 1 合并为本研究所需的部门劳动力
数，如表 6.4 所示。

6.3.2　情景设置

至此，满足社会福利最大化的平稳经济增长路径下产业结构优化模型构建完毕。从
上述优化模型的构建过程可以发现，目标函数式（6.4）中各部门消费效用权重的取值将
影响产业结构调整的方向。即消费者对各部门产品的消费偏好需求将决定未来各部门的
产出，产出的变化最终表现为产业结构的调整，因此，本研究将通过情景分析的方法首
先研究消费偏好模式对产业结构的影响。

此外，由于各部门的能源密集程度及能源效率改进速度存在较大差异，因此，各部
门能源强度的变化趋势将随着产业结构的演化，最终对各部门能源需求和总的碳排放量
产生很大影响。而对各部门能源强度的预测是较为困难的，于是本研究同样采用情景分
析的方法，设定不同的能源强度改进速度，分析不同情景下的能源需求和碳排放量，以
对不同产业结构演化下的碳排放趋势有个大致的认识。

最后，我们还将研究在给定减排目标下产业结构将如何演化。因为在排放总量约束
下，某些高耗能部门将被限制发展，在尽量满足福利最大化目标的情况下，产业结构调
整的方向也将发生变化。因此，接下来的模拟研究将首先对基准情景（不考虑减排）的
经济增长、产业结构，以及能源消费和碳排放路径进行分析，在此需要设定两类情景：
一是消费偏好模式情景，将决定未来产业结构演化方向和经济增长的趋势；二是能源效
率提高情景，其将影响未来经济增长路径下的能源消费量和碳排放量。随后，我们在基
准情景基础上设定不同的减排目标情景，以分析减排目标对最优路径的影响。

附表

附表 1　合并后 14 个部门与 GTAP 和中国投入产出表 IOT 部门对照表

No	Class	Code	Description	IOT
		pdr	Paddy rice	
		wht	Wheat	
		gro	Cereal grains nec.	
		v_f	Vegetables, fruit, nuts	
		osd	Oil seeds	
		c_b	Sugar cane, sugar beet	
1	农业	pfb	Plant-based fibers	1~4
		ocr	Crops nec.	
		ctl	Cattle,sheep,goats,horses	
		oap	Animal products nec.	
		rmk	Raw milk	
		wol	Wool, silk-worm cocoons	
		frs	Forestry	
		fsh	Fishing	

续表

No	Class	Code	Description	IOT
2	衣食制造业	cmt	Meat: cattle,sheep,goats,horse	11~30
		omt	Meat products nec.	
		vol	Vegetable oils and fats	
		mil	Dairy products	
		pcr	Processed rice	
		sgr	Sugar	
		ofd	Food products nec.	
		b_t	Beverages and tobacco products	
		tex	Textiles	
		wap	Wearing apparel	
3	化学工业	crp	Chemical,rubber,plastic prods	39~49
4	矿业	omn	Minerals nec.	8~10,
		nmm	Mineral products nec.	50~56
5	金属产业	i_s	Ferrous metals	57~63
		nfm	Metals nec.	
		fmp	Metal products	
6	轻工业	lea	Leather products	31~36
		lum	Wood products	73~76
		ppp	Paper products, publishing	89~91
		mvh	Motor vehicles and parts	
		otn	Transport equipment nec.	
		omf	Manufactures nec.	
7	重工业	ele	Electronic equipment	64~72
		ome	Machinery and equipment nec	77~88
8	建筑业	cns	Construction	95
9	交通运输业	otp	Transport nec.	96~103
		wtp	Sea transport	
		atp	Air transport	
10	其他服务业	trd	Trade	5, 94, 104~135
		cmn	Communication	
		ofi	Financial services nec	
		isr	Insurance	
		obs	Business services nec	
		ros	Recreation and other services	
		dwe	Dwellings	
		wtr	Water	
		osg	PubAdmin/Defence/Health/Educat	
11	煤炭产业	coa	Coal	6, 38
12	石油产业	oil	Oil	7, 37
		p_c	Petroleum, coal products	
13	天然气产业	gas	Gas	93
		gdt	Gas manufacture, distribution	
14	电力工业	ely	Electricity	92

注：表中第 1 列为合并后的部门序号，第 2 列为合并后的部门名称，第 3 列为对应的 GTAP 部门分类简称，第 4 列为对应的 GTAP 部门分类的详细描述，最后 1 列为对应的中国投入产出表 2007 年 135 个部门序号

附表 2　投入产出流量数据及最终使用和增加值数据

（单位：Million $）

	Agricul	FoodClo	Coal	OilProd	GasProd	Chemic	Mineral	Metals	LhtMnfc	HvyMnfc	Electric	Constr	Transp	OthServ	最终消费	投资品	净出口	总产出
Agricul	73230	240987	562	4	0	22446	236	91	50418	49	6	3498	5441	32102	161779	17997	11446	620292
FoodClo	55076	299232	520	1287	24	20472	4455	5516	45436	9463	2277	6324	5968	83973	244234	3	186201	970462
Coal	627	1247	1475	14869	483	1528	5065	2215	789	284	42276	168	201	496	2175	0	2694	76592
OilProd	10120	1511	487	144723	2507	25493	7090	32188	1643	3619	7963	9325	48333	11029	27619	0	22738	356388
GasProd	0	27	0	633	558	1661	308	241	67	143	744	17	24	348	1231	0	512	6514
Chemic	31835	34028	1276	3522	34	242303	27697	15538	63560	68397	952	26543	4409	69417	22681	1	90039	702233
Mineral	659	3716	848	1470	7	15255	75938	86597	6452	18532	769	168555	666	4855	2937	1	25175	412432
Metals	1276	3476	5457	5165	81	11668	18540	317361	67378	231334	1890	138058	2541	9458	4245	10904	97490	926322
LhtMnfc	2781	27306	1787	1469	51	15737	18599	42420	279527	36217	4875	20321	24364	87666	68186	129203	216600	977109
HvyMnfc	2457	6822	5637	7759	90	12436	17447	31130	49594	338043	23423	46405	7869	59034	30442	234447	488314	1361349
Electric	6631	19042	4233	9881	1024	35352	19152	54093	12376	11519	19357	2435	2376	23973	34904	0	930	257278
Constr	114	217	113	150	3	251	145	253	221	313	141	7633	1223	13431	10765	753179	5293	793445
Transp	6960	19522	4281	3893	57	17493	19630	19460	18634	24810	4221	60080	31196	55532	56012	3133	54749	399662
OthServ	27912	56597	7024	9083	139	44269	31411	49393	58027	97323	29259	58224	52170	302006	935386	78290	57373	1893886
土地报酬	94813																	
劳动报酬	233575	95669	14119	16488	245	59949	63565	72188	105781	124566	34086	128159	69186	534454				
资本报酬	40851	76756	7836	25836	295	74502	57384	90782	126861	122533	67938	68817	121923	519399				
自然资源	15850		17154	18867	431		8122											
增加值总额	385089	172425	39109	61191	971	134451	129071	162970	232642	247099	102024	196976	191109	1053853				
总产出	620292	970462	76592	356388	6514	702233	412432	926322	977109	1361349	257278	793445	399662	1893886				

第 7 章　基准情景平稳增长与产业结构优化模拟

中国传统的粗放型经济增长方式不仅造成了资源的低效利用与浪费，同时也延误了中国产业升级转型的时间窗口。在全球变暖趋势日益严重和中国减排压力日益增大的背景下，中国政府最终意识到产业升级已经到了刻不容缓、势在必行的时刻。为此，政府在"十二五"规划中强调，要改变传统的粗放型经济增长方式，通过调整产业结构来实现节能减排目标。

目前，已有学者从节能减排角度对产业结构优化问题展开了研究。Guo 等（2008）采用多目标优化模型研究了中国西部地区产业结构优化对降低能源强度的作用，他们选取的优化目标为能源消费最小、GDP 增长最快以及劳动报酬最高。但是这一静态模型无法反映产业结构调整的动态演化机制，不能预测未来产业结构的演变趋势。王铮等（2010）和朱永彬等（2013）在研究能源碳排放趋势和产业结构减排潜力时，利用 Markov 模型对未来产业结构进行了预测，但 Markov 模型仅是对历史趋势的拟合和推演，不能给出主动政策对产业结构调整的影响。

然而，产品生产的根本目的是为了满足社会的最终需求，根据需求决定供给的理论，产业结构调整的动力源于消费模式的改变。一方面，消费偏好模式会因经济发展阶段而改变：随着中国从发展中国家逐渐向发达经济体转变，中国消费者的偏好模式将随之发生怎样的变化？由此会对产业结构产生哪些影响？另一方面，不同的经济增长方式也会影响消费者的偏好模式：当以出口导向型增长方式为主时，最终消费将包含国外消费者的需求偏好，而当以内需拉动型增长方式为主时，国内消费者的偏好将占据主导地位，由此不同的消费者偏好模式也将影响未来中国的产业结构转型方向。为此，本章就将利用 6.2 节构建的多部门跨期动态优化模型，从消费需求拉动的角度研究中国未来产业结构优化调整趋势和相应的经济平稳增长路径，以弥补当前产业结构演化研究的不足。

7.1　消费偏好模式

鉴于消费偏好模式对产业结构演化方向的决定作用，我们首先要对未来消费偏好模式进行展望。进而基于对消费偏好模式的预见，来分析预测未来产业结构的优化方向和经济平稳增长的路径等。通过比较分析不同消费偏好模式下我国未来的产业结构演变趋势，及其对相应能源消费和碳排放走势的影响，为政府引导消费需求向低碳方向转变提供决策依据。

通过前面的分析可知，基于发展阶段和增长方式可以得出完全不同的两类消费偏好模式情景。为此，我们分别模拟并比较这两类消费偏好模式情景下对未来产业结构将产生怎样的影响。在基于发展阶段提出对应情景时，我们选取美国、欧盟和日本等发达经济体作为参照对象，假设中国步入发达阶段之后，将发展出类似的消费偏好模式；在基于增长方式提出对应情景时，我们分别选取出口导向型和内需拉动型增长方式所隐含的消费偏好模式作为基础，评价中国选取不同增长道路会对经济增长和产业结构产生怎样的影响。

基于宏观经济均衡假说，我们可以得到如下规律，即当经济系统达到均衡时，消费者从各部门所获得的边际效用应该相等，即

$$U'_i = U'_k \Rightarrow \frac{\omega_1}{C_1} = \cdots = \frac{\omega_i}{C_i} = \cdots = \frac{\omega_n}{C_n} \tag{7.1}$$

需要指出的是，这里所指的消费偏好是一个广义的概念，即包括政府部门、私人消费者和国外等的所有需求。式（7.1）背后所隐含的经济规律为，如果消费者对部门 A 的消费偏好高于部门 B，他将增加对部门 A 产品的消费，进而对部门 A 的需求增加，带来该部门产出的增多，成为驱动产业结构演化的动力来源。随着对该部门产品消费的增加，边际效用递减，直到最终消费部门对所有生产部门产品的消费效用达到均衡。

为此，可以根据式（7.1）计算出不同消费偏好模式下各部门所对应的消费偏好权重系数，并以此作为情景设定的依据。表 7.1 给出了中国、美国、欧盟和日本的部门消费偏好权重系数。

表 7.1　中国、美国、欧盟和日本消费者对各部门产品的消费偏好权重

部门	中国	美国	欧盟	日本	部门	中国	美国	欧盟	日本
Transp	0.0387	0.0175	0.0513	0.0477	Agricul	0.0605	0.0082	0.0106	0.0072
Electric	0.0125	0.0101	0.0096	0.0112	FoodClo	0.1504	0.0483	0.0854	0.0664
Mineral	0.0098	0.0017	0.0079	0.0027	LhtMnfc	0.0995	0.0487	0.0997	0.0676
GasProd	0.0006	0.0026	0.0015	0.0002	HvyMnfc	0.1812	0.0345	0.0780	0.0927
Chemic	0.0394	0.0264	0.0590	0.0308	Constr	0.0056	0.0005	0.0059	0.0025
Coal	0.0017	0.0003	0.0001	0.0000	OthServ	0.3469	0.7798	0.5468	0.6411
Metals	0.0355	0.0067	0.0290	0.0167					
OilProd	0.0176	0.0148	0.0150	0.0132					

注：左半部分为高耗能行业，右半部分为非高耗能行业

由表 7.1 可以看出，中国消费模式赋予其他服务业（OthServ）、重工业（HvyMnfc）和衣食制造业（FoodClo）较高权重。但是，其他服务业的消费权重地位仍远不及美国、日本与欧盟等发达国家，尤其美国更是占到了 78%，高出我国一倍多；我国对重工业和衣食制造业部门的消费权重均达到或超过了 15%，明显高于发达国家水平，反映出我国制造业大国的地位。高耗能行业中，对交通运输业（Transp）的偏好权重，欧盟和日本高于中国，中国高于美国；对电力（Electric）、采矿（Mineral）、煤炭（Coal）、金属（Metals）和石油（OilProd）产品等的消费偏好权重中国居首；对天然气（GasProd）的偏好中国高于日本，低于美国和欧盟；对化工产品（Chemic）的偏好中国高于欧盟，低于美国和日本。而对其他非高耗能部门的消费偏好中国也普遍较高。

表 7.2 给出了当前中国以出口导向型为主的增长方式以及纯粹在内需拉动型增长方

式下的部门消费偏好权重系数。

表 7.2　不同增长方式下各部门产品的消费偏好权重

部门	GasProd	Electric	OilProd	Coal	Mineral	Transp	Chemic	Metals
内需拉动型	0.0008	0.0218	0.0172	0.0014	0.0018	0.0350	0.0142	0.0026
出口导向型	0.0006	0.0125	0.0176	0.0017	0.0098	0.0387	0.0394	0.0355
部门	Agricul	FoodClo	OthServ	LhtMnfc	Constr	HvyMnfc		
内需拉动型	0.1009	0.1524	0.5837	0.0425	0.0067	0.0190		
出口导向型	0.0605	0.1504	0.3469	0.0995	0.0056	0.1812		

注：上半部分为高耗能行业，下半部分为非高耗能行业

从表 7.2 中可以看出，国外消费者更偏好于高耗能部门生产的产品，如采矿业、交通运输业、化工和金属部门等，以及石油和煤炭等能源部门与轻工业和重工业等制造业部门。从两种消费偏好模式下这些部门的消费权重差距中可以看出由于国外需求中国对外出口的各部门产品的多寡。特别是金属和重工业部门，两种情景下的权重差距达到了10 倍的数量级，反映了这两个部门为国外需求的重点部门。而国内消费者赋予了很多与生计相关的部门产品更多的权重，如农业、衣食制造业、建筑业、其他服务业以及电力等能源部门。这种特征也加重了中国的碳排放形势，同时也能够预见中国转变经济增长方式后可以减排一定量的 CO_2。

7.2　能源效率提高

能源效率提高情景的设定我们通过与其他国家和地区各部门能源强度的对比得到，分别设定不同的追赶策略作为情景进行模拟。

根据气候谈判阵营以及收入水平，我们将世界划分为十大区域：中国、美国、欧盟、日本、印度、俄罗斯、其他金砖国家、高收入国家、中等收入国家和低收入国家。十大区域不同部门的能源强度存在较大差异，如图 7.1 所示。

其中，农业（Agricul）、建筑业（Constr）、煤炭（Coal）、石油（OilProd）、电力等部门我国的能源强度最高；衣食制造（FoodClo）、轻工业（LhtMnfc）、重工业（HvyMnfc）、化工（Chemic）、采矿（Mineral）、金属（Metals）和交通运输（Transp）等部门俄罗斯的能源强度最高；天然气（GasProd）部门其他金砖国家（巴西和南非）能源强度最高。由此可见，金砖四国的能源效率最低。而以欧盟和日本为首的发达国家能源效率最高，其中，欧盟在农业（Agricul）、化工（Chemic）、采矿（Chemic）、金属（Metals）、重工业（HvyMnfc）、电力（Electric）及其他服务业（OthServ）7 个部门的能源强度最低；日本[①]在衣食制造（FoodClo）、煤炭（Coal）、天然气（GasProd）、

---

① 日本的煤炭和天然气开采部门产值非常小，其所消耗的能源几乎为零，由此可能带来计算误差。在情景设定中这两个部门进行相应处理。

轻工业（LhtMnfc）和交通运输（Transp）5 个部门的能源效率最高；美国的建筑业（Constr）部门和其他高收入国家的石油（OilProd）部门能效最高。

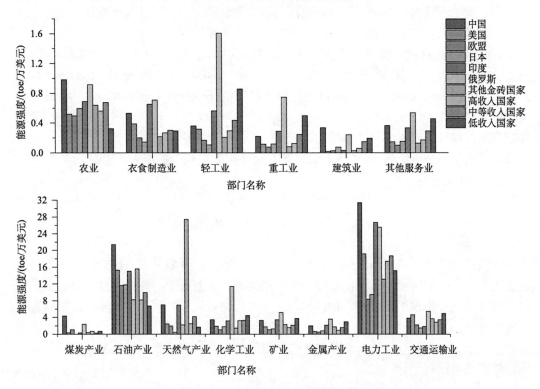

图 7.1　不同区域各部门能源强度对比图

根据我国各部门与能效最高国家的差距，我们设定出 6 种技术追赶策略，即分别在 2020 年、2025 年、2030 年、2035 年、2040 年和 2050 年我国各部门能源强度达到 2007 年对应各部门的最高能效水平，表 7.3 列出了不同技术进步速度下我国各部门能源强度的下降率。

表 7.3　不同技术进步情景下各部门能源强度年降低率

情景	Agricul	FoodClo	Coal	OilProd	GasProd	Chemic	Mineral	Metals	LhtMnfc	HvyMnfc	Electric	Constr	Transp	OthServ
2020	5.1	9.5	7.3	7.1	9.3	8.7	8.3	10.4	8.9	7.8	9.7	8.7	7.0	9.4
2025	3.7	7.0	5.4	5.2	6.8	6.4	6.1	7.6	6.5	5.7	7.1	6.3	5.1	6.9
2030	2.9	5.5	4.2	4.1	5.4	5.0	4.8	6.0	5.2	4.5	5.6	5.0	4.0	5.4
2035	2.4	4.5	3.5	3.4	4.4	4.1	3.9	5.0	4.3	3.7	4.6	4.1	3.3	4.5
2040	2.1	3.9	3.0	2.9	3.8	3.5	3.4	4.2	3.6	3.1	3.9	3.5	2.8	3.8
2050	1.6	3.0	2.3	2.2	2.9	2.7	2.6	3.3	2.8	2.4	3.0	2.7	2.2	2.9

由表 7.3 可以看出，金属部门技术进步速度最快，农业部门最慢，反映出我国金属部门与高能效国家之间的差距最大，能效提高潜力较大，而农业部门能效差距较小，我

国农业部门的能源利用效率较高。其他部门按照能效差距由大到小依次为电力部门、衣食制造部门、其他服务业部门、天然气部门、轻工业部门、化工部门、建筑业部门、矿业部门、重工业部门、煤炭部门、石油部门和交通运输部门。能效差距越大，意味着该部门通过学习效应和知识溢出可以获得的技术进步速度越快。

按照 2007 年产业结构加权计算的综合能源强度年下降率在各情景中分别为 8.5%（情景 2020）、6.2%（情景 2025）、4.9%（情景 2030）、4.0%（情景 2035）、3.4%（情景 2040）和 2.6%（情景 2050）。与根据历史趋势指数拟合得到的年下降率（4.23%）比较，各部门将在 2030~2035 年达到能效最高国家 2007 年的水平。而在考虑产业结构演变趋势后得到的综合能源强度下降率约为 5%，与"情景 2030"中的技术进步速度基本一致。因此，我们重点分析情景 2030 和情景 2035 两个可能性较大的情景，同时将情景 2025 和情景 2040 也一并进行对比分析。

7.3　基于发展阶段的未来发展路径

人类社会的经济发展历史先后经历了三次产业革命，形成了三大产业。随着发展阶段的提升，人们的消费结构也在相应地发生变化，其中有历史的共性特征，也有各国不同的发展经验（朱永彬和王铮，2013）。接下来我们将基于不同发展阶段下消费者偏好模式的差异，来模拟和比较在不同发展阶段特征（中国、美国、欧盟和日本）的消费偏好模式驱动下，中国经济的未来发展走势。以下分别从经济增长和产业结构方面给出具体的模拟结果。

7.3.1　经济增长路径

依靠投资驱动，我国经济总量持续增长。以中国消费偏好情景中的最优经济增长路径为例，尽管受资本边际产出下降和劳动人口红利减少等因素的影响，我国经济增长率将呈逐年下降的趋势（从 2010 年的 10.6% 降至 2050 年的 4.3%），但 2010~2050 年的年平均增长率仍达 6.85%，40 年间 GDP 将扩大 14 倍。而在美国、欧盟和日本的消费偏好情景中，2010~2050 年 GDP 的年平均增长率分别为 6.55%、6.82% 和 6.79%。从经济总量的增长速度来看，改变消费偏好在推动产业结构调整过程中，经济的增速均将放缓。其中，中国与美国在消费偏好模式上差距较大，因此，在向美国消费偏好模式调整过程中，中国的经济增长速度明显放缓，同时也预示着在此情景下我国产业结构调整的幅度也最为显著。在中国、美国、欧盟和日本的消费偏好模式导向下，到 2050 年我国 GDP 可分别达到 79 万亿、65 万亿、74 万亿和 72 万亿美元（图 7.2）。

各部门的经济产出受消费偏好影响以不同的速度增长，经济增长速度高的部门将在经济总量中占据更高的比重，最终将导致产业结构随时间推移而不断演化。模拟结果显示，受中国消费偏好模式的驱动，各部门产出的平均增长率处在 6.16%~7.59% 的范围，在四种情景中部门差距最小。而在美国消费偏好情景下，各部门产出平均增长率为 5.02%~7.83%，差距最大，产业结构调整的幅度也最为明显；其次是日本消费偏好情景，

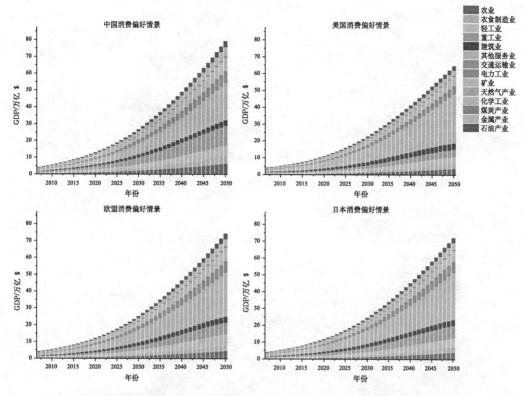

图 7.2　基于发展阶段消费偏好情景下我国各部门 GDP 的增长趋势

各部门产出增长率为 5.57%~7.71%，差距次之；欧盟消费偏好情景下，对应的各部门产出增长率 5.84%~7.78%，部门差距也高于中国。

7.3.2　产业结构演化

产业结构调整的幅度受部门产出增长率的差距影响，差距越大，随时间推移产业结构的变化越明显。因此，在美国、日本、欧盟和中国消费偏好模式下的产业结构变动幅度依次减弱（图 7.3）。

结合图 6.5 和图 7.3 来看，高耗能行业与非高耗能行业的比重到 2050 年没有发生太大变化。通过计算，美国的消费偏好模式会促使高耗能行业比重降低近 3 个百分点；而中国和欧盟消费偏好模式反而将带来高耗能行业比重提高两个百分点左右；日本消费偏好模式下 2050 年高耗能行业比重与 2007 年接近。从节能角度而言，美国对各部门的消费偏好模式（而非美国的消费总量）由于赋予其他服务业非常高的权重，因此更有利于能源节约。

尽管根据能耗划分的行业大类的结构调整并不明显，但在高耗能行业和非高耗能行业内部，很多部门的结构调整却非常显著。尤其在非高耗能行业中，各部门的比重变化较大，如农业、衣食制造、重工业和其他服务业；高耗能行业中的交通运输业、化工和金属部门结构调整也较为明显。

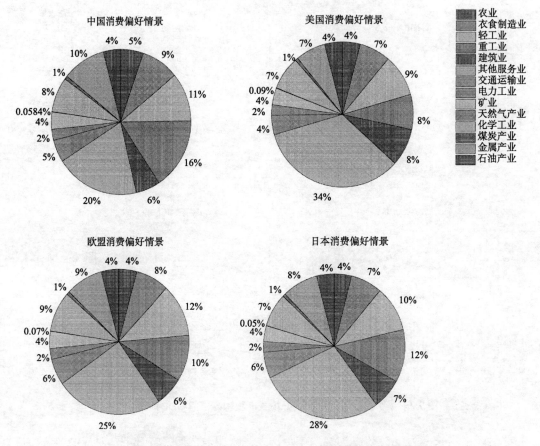

图7.3　四种消费偏好情景下各部门2050年的产业结构演化结果

注：图中数字仅保留到整数位，各部门相加可能出现不完全为100%情况下同

其中，农业和衣食制造业部门的比重在四种情景下均呈下降趋势。农业从2007年的6%逐渐减少到2050年的4%~5%，衣食制造业相应地从10%下降到7%~9%。从各部门产出的年平均增长率来看，这两个部门的排名基本处于末位，尤其在日本和美国消费偏好模式下，两者的增长率显著低于其他部门，因此，到2050年，日本和美国消费偏好下农业和衣食制造部门的比重降低幅度较大。

重工业部门在不同消费偏好下表现出相反的变动趋势：在中国的消费偏好模式驱动下，重工业从2007年的14%提高到2050年的16%；而在其他偏好模式下，该部门比重呈下降趋势。从部门产出的增长速度来看，日本消费偏好情景中重工业的平均增速处于行业中等水平，而欧盟和美国消费偏好情景中其增速处于末位。因此，2050年的重工业比重在这三种消费偏好下依次降低至12%、10%和8%。

其他服务业部门的比重变动最为明显，且在不同消费偏好下的分异也最为剧烈：中国消费偏好情景下该部门比重到2050年仅提高1个百分点，从2007年的19%提高到2050年的20%；但在欧盟、日本和美国情景下，其他服务业比重可分别提高6~15个百分点，达到25%、28%和34%。由于美国的消费偏好权重对其他服务业的偏好达0.78（表7.1），在此驱动下，该部门的经济增长将更为快速。同时，其对轻工业和重工业的偏好权重明显低于其他国家，因此，这两个部门比重下降的趋势更为明显。

高耗能行业部门由于所占的比重相对较小，因此，结构变动相对较不明显。其中，交通运输业的比重在中国、欧盟和日本消费偏好下略有提高（1~2 个百分点），在美国消费偏好下没有发生显著变化。这与该部门在美国的消费偏好权重系数较低有关。化工部门比重在中国和欧盟消费偏好情景下分别提高 1 个和 2 个百分点，在日本和美国消费偏好情景下没有改变。金属部门比重在中国消费偏好情景下提高 1 个百分点，在日本和美国消费偏好情景下分别下降 1~2 个百分点，在欧盟消费偏好下没有改变。其他部门的结构相对比较稳定，在未来经济中的比重没有明显变化。

7.3.3　能源消费与碳排放

1. 情景 2025

由于各产业部门的能源强度存在较大差异，尤其是 7 个高耗能行业部门的能源强度远高于其他部门，因此，在产业结构演化过程中，能源需求量也将发生相应的调整，进而造成我国未来能源消费量及碳排放量发生相应变化。同时各部门能源效率改进的速度也存在差异，因此，结构变化和效率提高两个因素共同影响未来碳排放趋势。

在"各部门到 2025 年达到 2007 年世界先进能效水平"的情景假设下，我国未来各部门能源消费需求和碳排放趋势分别如图 7.4 和图 7.5 所示。这是一个技术追赶较为激进

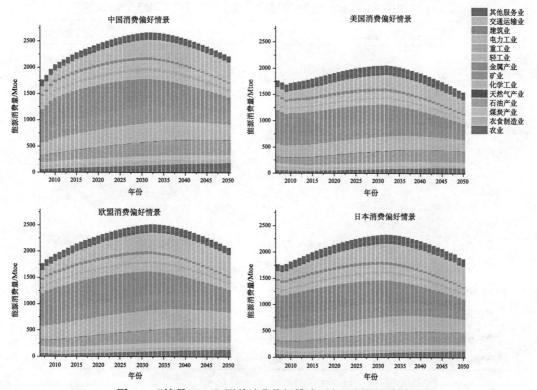

图 7.4　"情景 2025"四种消费偏好模式下各部门能源消费量

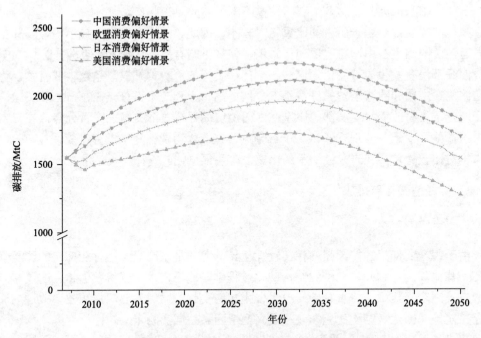

图 7.5 "情景 2025" 四种消费偏好模式下我国碳排放趋势

表 7.4 "情景 2025" 四种消费偏好模式下各部门能源需求高峰出现的年份

部门	中国消费偏好	欧盟消费偏好	日本消费偏好	美国消费偏好
农业	2050	2050	2050	2050
农食制造业	2020	2007	2007	2007
煤炭产业	2038	2038	2037	2036
石油产业	2043	2042	2041	2039
天然气产业	2028	2028	2007	2026
化学工业	2033	2034	2033	2033
矿业	2030	2031	2031	2032
金属产业	2020	2017	2016	2007
轻工业	2034	2034	2034	2034
重工业	2039	2038	2038	2007
电力工业	2024	2024	2007	2007
建筑业	2027	2027	2027	2027
交通运输业	2050	2050	2048	2039
其他服务业	2032	2033	2033	2034

的情景方案，从综合能源强度年下降率来看，这一情景要求在过去能源强度下降速率的
基础上将降速再提高46%。而从国际经验来看，我国近年来的能源强度下降速率已经明
显比其他国家快，因此，再提速46%将相当困难，也意味着需要强有力的措施做保障。

结合图7.4和表7.4来看，除农业部门和交通运输部门以外，其他各部门的能源消费
需求在情景2025下均在2050年前出现峰值并开始下降。从表7.4中可以看出，农业和
交通运输部门的能源效率国际差距较小，因此，能源强度下降幅度最不显著，对能源的
需求依赖程度并没有显著下降；另外，两部门的经济产出还将继续增长，尤其是交通运
输部门在中国和欧盟消费偏好模式情景中的比重还将略有提高，因此，两方面因素导致
这两个部门的能源消费在2050年前没有出现下降的迹象（日本和美国消费偏好模式情景
中交通运输部门产出比重提高幅度较小，因此在2050年前出现下降趋势）。

在各部门能源强度下降速度和产出结构变动的共同作用下，以中国消费偏好模式为
例，衣食制造业部门、金属业、电力工业、建筑业、天然气产业和矿业部门能源需求开
始下降的时间较早。其中，衣食制造业部门能效提高较快，且对该部门需求下降致使其
在经济产出中的比重呈下降趋势。因此，能源需求高峰早在2020年开始出现，在欧盟、
日本和美国偏好模式下更提前到2007年便开始下降。此外，在日本消费偏好模式下，天
然气和电力的能源消费也从2007年开始便下降，而美国消费偏好模式下，金属部门、重
工业和电力部门的能源消费也从2007年便开始下降。

受各部门能源消费量变动情况的影响，中国消费偏好模式下，能源消费总量从2007
年（1765Mtoe）一直增加到2032年（2666Mtoe），此后开始降低，到2050年能源消费
总量降低至2217Mtoe。相比于中国情景，未来能源消费总量在欧盟、日本和美国情景中
依次减少，能源消费量的峰值分别为2515Mtoe、2334Mtoe和2057Mtoe。2007~2050年
累积能源需求在中国、欧盟、日本和美国偏好情景中分别达到106.28Gtoe、100.24Gtoe、
92.94Gtoe和82.14Gtoe。

与能源消费的趋势一致，未来各消费偏好情景下的碳排放也呈先增长后降低的倒U
型特征。碳排放高峰均出现在2031年左右，在中国、欧盟、日本和美国消费偏好情景中
对应的高峰排放量分别为2.24GtC、2.11GtC、1.96GtC和1.73GtC。在中国消费偏好情景
下，到2050年累积排放量将达到89.9GtC，比较而言，欧盟、日本和美国消费偏好情景
的累积排放依次降低，分别为84.8GtC、78.6GtC和69.5GtC。可见，引导社会的消费偏
好向耗能较少的服务业部门转移在促进产业结构优化升级的同时，也将带来能源消耗量
和碳排放量的显著降低，有助于缓解我国的减排压力。

2. 情景2030

在"各部门到2030年达到2007年世界先进能效水平"的情景假设下，我国未来各
部门能源消费需求和碳排放趋势分别如图7.6和图7.7所示。这是一个技术追赶可以实现
的情景方案，从综合能源强度年下降率来看，这一情景略高于历史时期的下降速率，与
考虑产业结构演变趋势后得到的综合能源强度下降率相当且略低。

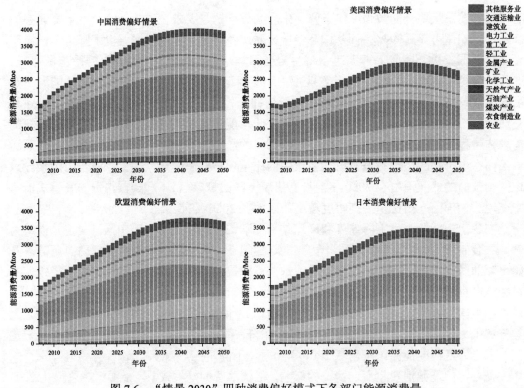

图 7.6　"情景 2030"四种消费偏好模式下各部门能源消费量

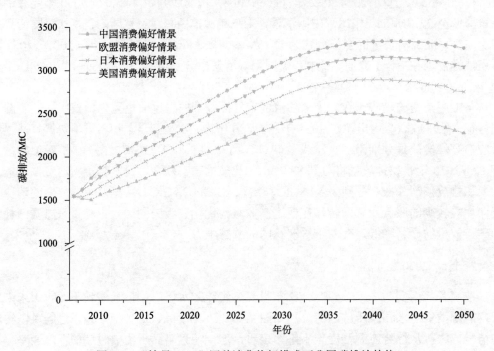

图 7.7　"情景 2030"四种消费偏好模式下我国碳排放趋势

　　结合图 7.6 和表 7.5 来看，除农业、石油产业和交通运输部门以外，其他各部门的能源消费需求在情景 2030 下均在 2050 年前出现峰值并开始下降，但出现的年份显著晚于情景 2025。以中国消费偏好模式为例，各部门能源需求开始下降的年份均在 2030 年之后。其中，建筑业、矿业、金属部门能源需求开始下降的时间早于 2035 年，电力部门、衣食制造部门以及天然气和轻工业部门的能源需求在 2040 年前开始下降。除矿业和建筑业以外，在欧盟、日本和美国偏好模式下各部门能源需求的高峰均早于中国偏好模式。原因在于，在产业结构逐渐调整适应这三种外来消费模式的过程中，经济增长速度明显放缓，对能源的需求相应下降。而矿业部门和建筑业在中国消费偏好模式下的结构比重低于其他三种模式，因此，在中国偏好模式下，能源需求高峰出现时间较早。

表 7.5　"情景 2030"四种消费偏好模式下各部门能源需求高峰出现的年份

部门	中国消费偏好	欧盟消费偏好	日本消费偏好	美国消费偏好
农业	2050	2050	2050	2050
衣食制造业	2039	2039	2039	2007
煤炭产业	2050	2048	2048	2045
石油产业	2050	2050	2050	2050
天然气产业	2040	2040	2038	2039
化学工业	2045	2045	2042	2041
矿业	2031	2032	2032	2032
金属产业	2033	2032	2032	2032
轻工业	2040	2040	2039	2039
重工业	2044	2042	2042	2040
电力工业	2037	2036	2036	2035
建筑业	2030	2031	2031	2032
交通运输业	2050	2050	2048	2050
其他服务业	2049	2047	2046	2046

　　从图 7.7 中可以看到，四种消费偏好模式下能源消费总量到后期增长逐渐放缓并出现下降趋势。在中国消费偏好模式下，能源消费总量从 2007 年（1765Mtoe）一直增加到 2044 年（4033Mtoe），自此开始降低，到 2050 年能源消费总量降低至 3960Mtoe。相比于中国情景，未来能源消费总量在欧盟、日本和美国情景中依次减少，能源消费量的峰值分别为 3803Mtoe（2042 年）、3488Mtoe（2041 年）和 3006Mtoe（2038 年）。2007～2050 年累积能源需求在中国、欧盟、日本和美国偏好情景中分别达 146.39Gtoe、137.97Gtoe、127.66Gtoe 和 112.22Gtoe。与情景 2025 年相比，由于能源强度下降速率放缓，能源需求高峰出现的时间向后推迟，对应的能源需求峰值和累积能源需求大幅提升。同时意味着能源效率提高对缓解能源需求压力具有显著的作用。

　　与能源消费的趋势一致，未来各消费偏好情景下的碳排放也呈先增长后降低的倒 U 型特征。在中国、欧盟、日本和美国消费偏好情景中，碳排放高峰出现的年份分别为 2042

年、2041 年、2040 年和 2037 年，对应的高峰排放量分别为 3.34GtC、3.15GtC、2.89GtC和 2.50GtC。在中国消费偏好情景下，到 2050 年累积排放量将达到 123.4GtC，相比较而言，欧盟、日本和美国消费偏好情景的累积排放依次降低，分别为 116.3GtC、107.6GtC和 94.7GtC。

3. 情景 2035

在"各部门到 2035 年达到 2007 年世界先进能效水平"的情景假设下，我国未来各部门能源消费需求和碳排放趋势分别如图 7.8 和图 7.9 所示。这是一个技术追赶较为平稳的情景方案，从综合能源强度年下降率来看，这一情景略低于历史时期的下降速率。考虑到随着能源强度的下降，能效提高的潜力将随之降低，因此，仍保持近年来的下降趋势变得相对困难。可以说，本情景是个较为现实的方案。

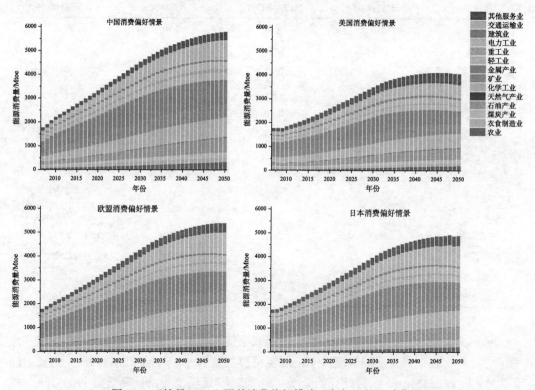

图 7.8　"情景 2035"四种消费偏好模式下各部门能源消费量

结合图 7.8 和表 7.6 来看，在"情景 2035"中，能源消费需求在 2050 年前出现峰值的部门进一步减少，且高峰年份进一步推迟。以中国消费偏好模式为例，建筑业的能源需求高峰相对出现较早，而金属、矿业、轻工业、重工业和电力部门能源需求开始下降的时间相对较晚，出现在 2040 年以后。

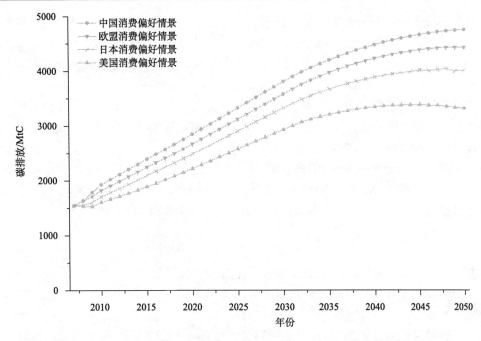

图 7.9　"情景 2035"四种消费偏好模式下我国碳排放趋势

表 7.6　"情景 2035"四种消费偏好模式下各部门能源需求高峰出现的年份

部门	中国消费偏好	欧盟消费偏好	日本消费偏好	美国消费偏好
农业	2050	2050	2050	2050
衣食制造业	2050	2050	2050	2050
煤炭产业	2050	2050	2050	2050
石油产业	2050	2050	2050	2050
天然气产业	2050	2050	2047	2048
化学工业	2050	2050	2050	2047
矿业	2044	2038	2033	2032
金属产业	2040	2038	2037	2034
轻工业	2044	2043	2045	2041
重工业	2046	2044	2045	2042
电力工业	2046	2044	2045	2041
建筑业	2031	2032	2031	2032
交通运输业	2050	2050	2050	2050
其他服务业	2050	2050	2050	2050

　　从图 7.8 中可以看到，四种消费偏好模式下能源消费总量到后期增长逐渐放缓，仅在日本和美国消费偏好模式下出现高峰，在 2050 年前出现下降趋势。在中国消费偏好模式下，能源消费总量从 2007 年的 1765Mtoe 一直增加到 2050 年的 5783Mtoe，未出现降低迹象。相比于中国情景，未来能源消费总量在欧盟、日本和美国情景中依次减少。在

欧盟偏好模式下，能源消费量一直增长到 2050 年的 5394Mtoe，未见下降；在日本和美国偏好模式下，能源需求峰值分别出现在 2048 年和 2045 年，对应的需求峰值为 4912Mtoe 和 4102Mtoe。2007~2050 年，累积能源需求在中国、欧盟、日本和美国偏好情景中分别达到 182.83Gtoe、172.20Gtoe、159.13Gtoe 和 139.42Gtoe。

与能源消费的趋势一致，未来各消费偏好情景下的碳排放也呈先增长而后增长放缓的趋势特征（图 7.9）。同样地，在中国和欧盟消费偏好情景下，碳排放持续增长，到后期增速放缓，到 2050 年碳排放分别增至 4.75GtC 和 4.43GtC；在日本和美国消费偏好情景中，碳排放高峰出现在 2048 年和 2045 年，与能源需求高峰一致，对应的高峰排放量分别为 4.04GtC 和 3.38GtC。在中国、欧盟、日本和美国四种消费偏好模式下，到 2050 年累积排放量将分别达到 153.8GtC、144.8GtC、133.9GtC 和 117.4GtC。

4. 情景 2040

在"各部门到 2040 年达到 2007 年世界先进能效水平"的情景假设下，我国未来各部门能源消费需求和碳排放趋势分别如图 7.10 和图 7.11 所示。这是一个技术追赶较为缓慢的情景方案，从综合能源强度年下降率来看，这一情景较历史时期下降速率低 20% 左右。考虑到随着能源强度的下降，能效提高的潜力也将随之降低，但该方案的综合能源强度下降速率仍明显高于发达国家的下降速率。如果我国未来步入发达国家的发展路径，该方案可作为一个对照。

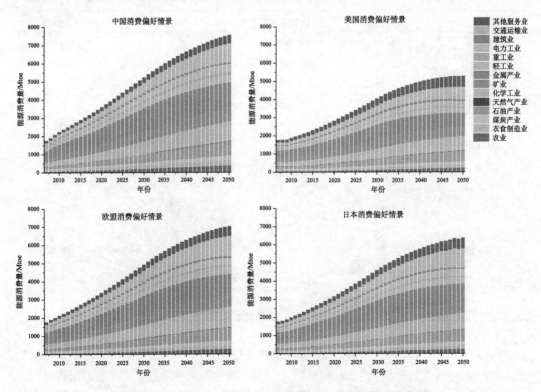

图 7.10　"情景 2040"四种消费偏好模式下各部门能源消费量

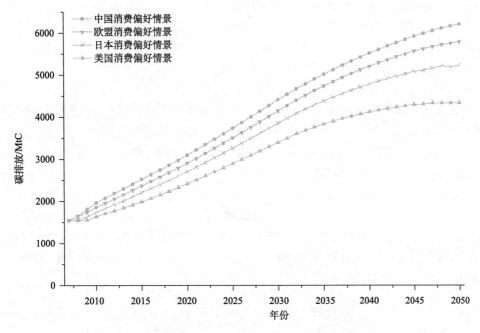

图 7.11　"情景 2040"四种消费偏好模式下我国碳排放趋势

表 7.7　"情景 2040"四种消费偏好模式下各部门能源需求高峰出现的年份

部门	中国消费偏好	欧盟消费偏好	日本消费偏好	美国消费偏好
农业	2050	2050	2050	2050
衣食制造业	2050	2050	2050	2050
煤炭产业	2050	2050	2050	2050
石油产业	2050	2050	2050	2050
天然气产业	2050	2050	2050	2050
化学工业	2050	2050	2050	2050
矿业	2050	2048	2045	2037
金属产业	2046	2043	2042	2038
轻工业	2046	2045	2045	2045
重工业	2048	2046	2045	2044
电力工业	2050	2050	2048	2047
建筑业	2031	2032	2032	2032
交通运输业	2050	2050	2050	2050
其他服务业	2050	2050	2050	2050

　　结合图 7.10 和表 7.7 来看，在"情景 2040"中，仅建筑业部门能源消费需求较早出现峰值，其他部门的能源消费一直呈增长趋势，尽管金属、轻工业和重工业部门的能源需求在 2050 年前出现峰值，但高峰年份也已临近 2050 年。在美国消费偏好模式下，采矿业和金属部门的能源需求高峰还将早于 2040 年。除建筑业外，其他部门的能源需求高峰在其他消费偏好模式情景下，均早于中国消费偏好模式。

　　从图 7.10 中可以看到，在"情景 2040"中能源消费总量的增长趋势进一步延后，增长逐渐放缓的时间更加晚于前面几个情景。在各消费偏好模式下能源需求均未在 2050 年前出现高峰。在中国、欧盟、日本和美国的消费偏好模式下，能源消费总量从 2007 年的 1765Mtoe 分别增加到 2050 年的 7552Mtoe、7038Mtoe、6367Mtoe 和 5279Mtoe，未见下降。在 2007～2050 年，累积能源需求在相应情景中分别达到 215.11Gtoe、202.48Gtoe、186.95Gtoe 和 163.43Gtoe。

　　与能源消费的趋势一致，未来各消费偏好情景下的碳排放也呈持续增长的趋势特征（图 7.11），未见排放高峰出现。到 2050 年，各消费偏好情景下的碳排放量将分别增至 6.20GtC、5.78GtC、5.23GtC 和 4.34GtC；到 2050 年，累积排放量将分别达到 180.7GtC、170.1GtC、157.1GtC 和 137.4GtC。

7.4　基于增长方式的未来增长路径

　　为了追求 GDP 增长速度和创造更多的就业岗位，中国对投资和出口的依赖程度要远远高于对内需的重视程度。对投资的刺激一方面带来很多的过剩产能，不利于资源的集约化利用，导致了粗放型的增长方式；另一方面也进一步压缩了和损害了需求的成长空间。而对于出口的刺激，尤其是位于产业链低端的加工出口，虽然可以解决一部分就业问题，但同时也带来了大量的能源资源消耗和环境污染问题。因此，经济增长的这两驾马车都遭到了诟病。接下来我们将要模拟，如果中国经济增长方式转向内需拉动型，对未来经济增长和产业结构调整将产生怎样的影响。

7.4.1　经济增长路径

　　在社会福利最大化目标下，中国还将继续保持经济增长的态势，但由于一系列负面因素的影响，如资本的边际产出递减和人口红利消失等，未来年均 GDP 增长率将有所下降。在当前出口拉动型增长方式（即转变增长方式前）的消费偏好模式驱动下，中国 GDP 增长率将从 2010 年的 10.2% 缓慢下降到 2050 年的 4.3%，相当于在此期间增长 14 倍左右，年均增长率达 6.85%。相比较而言，当经济增长方式转向内需拉动型之后，中国 GDP 的增长势头将有所减缓，从 2010 年的 9.1% 下降至 2050 年的 4.2%，相应地，在此期间 GDP 增长 12 倍左右，年均增长率约为 6.5%。由此可以看出，消费偏好模式的转变将减缓经济增长。计算结果显示，两种增长方式情景下 GDP 的差距到 2050 年将扩大至 8.1 万亿美元（图 7.12），而累积 GDP 损失在 2010～2050 年将达到 102.9 万亿美元，这将是经济结构调整的机会成本。

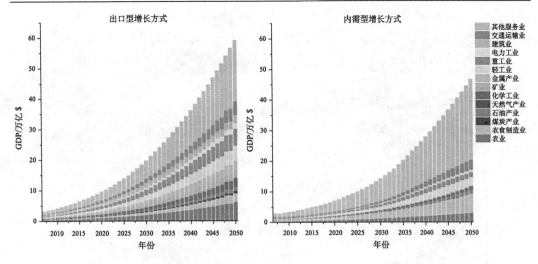

图 7.12　基于不同增长方式消费偏好情景下的我国各部门 GDP 的增长趋势

　　从各部门增长情况看，变化趋势更为明显（图 7.12）。增长方式转变之前，各部门 GDP 增长率处于 6.16%~7.61%，转变增长方式之后，这一变化区间扩大至 4.39%~7.45%，意味着各部门在经济产出中的占比，即产业结构将发生更大的变化。具体来看，出口型增长方式将助推交通运输业、重工业、石油工业、轻工业、化学工业和金属部门获得更多的增长动力，这些部门的快速增长将带来其在产业结构中的份额提高。相反，在内需型增长方式情景中，其他服务业、交通运输业、石油工业、农业、建筑业、衣食制造业、电力和煤炭部门将快速增长，在产业结构中获得更多份额。

　　然而，各部门的消费偏好权重虽然与其最终在产业结构中的比重有一定的关联，但并不存在必然的一一对应关系。例如，交通运输业，其所对应的消费偏好权重较小，但在两个情景中均得到了快速发展。这是因为消费偏好模式只决定了对最终产品的需求，而有些部门的产品或服务主要用于满足中间需求。因此，当对其他部门的最终需求增加时，为了生产其他部门的产品，必不可少地要投入这些部门的产品，从而带动这些部门的产出增加。

7.4.2　产业结构演化

　　由于经济各部门在不同消费偏好下表现出较大的增长差异，因此，经过一段时间的累积，各部门在最终产出中的比例份额也将发生分化：具有较高增长速率的部门将在总产出中的比重增加，反之，比重将下降。图 7.13 给出了两种消费偏好情景下中国产业结构到 2020 年和 2050 年的演化结果。同样地，由于此处的产业结构是用各部门的总产出份额（而不是增加值份额）来衡量的，所以其不仅包含了最终使用部分，还同时包含了中间使用。某些上游产业部门，如煤炭、采矿业和金属部门主要提供中间产品，其产出增加主要是由下游产业部门间接促进的。类似地，重工业和建筑业部门主要提供投资品，它们的产出增加则是通过投资活动间接拉动的。因此，图 7.13 所给出的产业结构综合反映了对各个部门生产活动的直接和间接需求。

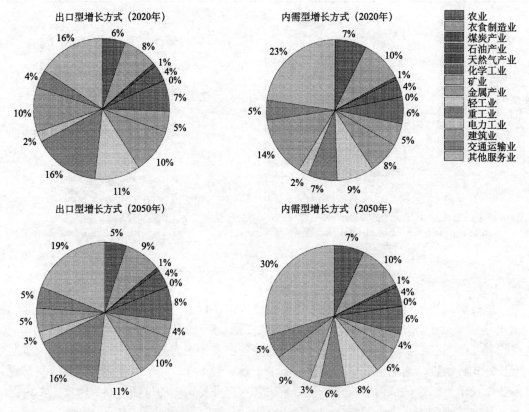

图 7.13　基于不同增长方式消费偏好情景下我国 2020 年和 2050 年产业结构

　　结合图 6.5 和图 7.13 可以看出，在出口型增长方式情景下，很多能源密集型部门的产出比重将略有提高，而非能源密集型部门的比重呈相反的趋势。具体而言，化学工业、金属和交通运输部门的比重到 2050 年将提高 1 个百分点；采矿业的比重短期将提高，到 2050 年又将回到初始水平。相反地，农业和衣食制造业等民生基础产业部门的比重将萎缩。此外，可以明显地看到，重工业与轻工业的比重将增长，而建筑业和其他服务业也将经历大幅度的调整：其他服务业比重短期降低 3 个百分点，并于 2050 年回到初始水平；建筑业部门的比重则在短期提高两个百分点，随后降至初始水平的一半左右。

　　相比较而言，在内需型增长方式情景中，多数能源密集型部门和一些非能源密集型部门的比重将明显下降。具体来看，化工和金属部门的比重将下降 1～3 个百分点；轻工业和重工业的比重下降更为显著，降低 2～8 个百分点。另外，农业部门的比重将略有提升，衣食制造业部门比重保持稳定。采矿业和交通运输业部门的变化趋势与出口型增长方式情景一致。变化最为明显的部门是其他服务业部门，其在短期和长期分别提高了 4～11 个百分点。而建筑业部门的比重在短期还有较明显的提升，随后开始降低，到 2050 年略高于初始水平。

　　能源部门的比重在两种情景中都相对较为稳定。由于其在总产出的比重较小，因此，通过仔细查看可以发现，石油部门的比重在两种情景中都将继续提升，而煤炭和天然气部门在出口型增长情景中将短期略有下降并在 2050 年略有反弹，在内需型增长方式情景中保持不变。类似地，电力部门的比重短期略有下降，随后回复到初始水平。

比较两种增长方式情景，产业结构在内需型增长方式情景中随时间变化得更为明显。这是由于增长方式由传统的依靠出口拉动转向注重国内的真实需求，将使经济系统逐渐作出调整，带来各部门 GDP 增长速度的差异扩大。除了产业结构变动的幅度以外，不同部门产业结构比重调整的方向将提供一个更有意义的视角。经过长期的发展与调整，农业和衣食制造业部门在内需型增长方式情景中将得到更快的增长，说明这种涉及民生的基础产业部门对于中国这样的人口大国至关重要。其他服务业部门在转变增长方式后将进一步得到提升，比转变增长方式之前提高 11 个百分点。而化工、金属、建筑业以及轻工业和重工业等制造业部门在转变增长方式之后将占有更少的比重。由此我们可以得出结论：出口型增长方式比内需型增长方式使得产业结构更加具有能源密集型的特征，而这一特征可以通过转变增长方式来扭转。

7.4.3　能源消费与碳排放

由于每个部门的能源强度和所消耗的能源品种存在一定的差别，因此，产业结构的改变也将影响能源消费和碳排放的趋势。为了分析简便起见，我们这里仅给出两种主要的能源效率提高情景，分别是各部门能源强度在 15 年和 20 年内追赶上当前各部门的能效最高水平（分别命名为 C15 情景和 C20 情景）。为此，基于各部门未来产出增长和能源效率改进趋势，我们可以计算出各部门未来能源消费趋势，如图 7.14 所示。

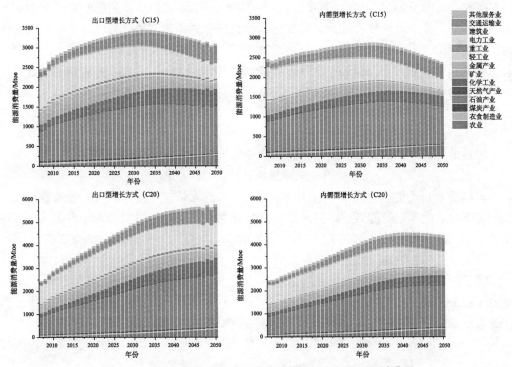

图 7.14　基于不同增长方式消费偏好情景下各部门能源消费量

从图 7.14 中可以看出，石油工业、电力、化工和交通等少数部门消费了总能源中的大部分比例。结合图 7.13，这些部门在经济总产出中的比重不足 20%，却消费了总能源的 75% 以上。根据能源强度的定义，当部门经济增长速度超过能源强度下降速度时，该部门的能源消费将保持增长趋势，否则将开始下降。随着经济增长势头减弱，某些部门的能源消费量仍将继续增长，但增速放缓；而对于其他一些部门，可以发现其能源消费量的未来趋势呈倒 U 型，意味着其能源使用量将在未来的某个时点达到高峰而开始下降。

具体来看，如果各部门能源效率在 15 年内实现追赶的话，农业和交通运输业部门的能源消费还将继续增长。其中，对农业部门来说，是由于中国农业部门当前的能源效率与最高水平的差距较小，该部门能源效率改进的潜力有限；对于交通运输业来说，不仅由于能源效率改进潜力有限，还与该部门未来产出的快速增长有关。而衣食制造业、天然气、金属和轻工业部门的能源消费量将持续减少，主要原因在于这些部门的能源效率相对来说较低，由此意味着其未来能效提高的潜力很大。当增长方式从出口型转为内需型时，除其他服务业以外，其他多数部门的能源消费量都将提前开始下降，使得总能源消费量出现较为显著的减少。对于其他服务业部门，由于转变增长方式后得到大幅的扩张，该部门能源消费量将出现明显的增加。在该能效追赶情景中，两种增长方式下能源消费的高峰均在 2033 年出现，但伴随着增长方式转变，高峰能源消费量将从 3446Mtoe 减少到 2876Mtoe，从而说明产业结构优化可以节约大量的能源使用。

类似地，在 C20 情景下，各部门能源消费量开始下降的时点也将随着增长方式转变而显著提前。由于在 20 年内实现追赶的 C20 情景比在 15 年内实现追赶的 C15 情景，各部门的能效提高速度变缓，因此，各部门能源消费量的增长趋势更为明显，也使得总能源消费量增加到更高的水平。在此能效追赶情景中，若采取出口型增长方式，能源消费总量将从 2007 年的 2463Mtoe 持续增长到 2050 年的 5765Mtoe，而采取内需型增长方式，能源消费总量将在 2041 年达到峰值 4515Mtoe 后开始下降。进一步计算发现，在 C15 和 C20 情景中，通过增长方式转变促进产业结构升级，可分别节约能源使用 21.7Gtoe 和 33.2Gtoe。

相应地，未来的碳排放趋势可由各部门能源消费量和各部门的能源结构计算得到。图 7.15 给出了不同情景所对应的未来碳排放趋势。

可以想象，当能效提高速率较快时，将可以节约大量能源使用，从而带来碳排放的大幅度下降。因此，在能效追赶情景 C15 中，中国在转变经济增长方式之后，可以即刻扭转碳排放的上升趋势（如图 7.15 左图）。在 C15 情景下，通过转变增长方式，中国可以少排放 9.89GtC CO_2，相当于减排了 15% 左右。

若放慢追赶速度，未来碳排放将大幅增长。在出口型增长方式下，碳排放将从 2007 年的 1342MtC 增加到 2042 年的 2506GtC，随后开始下降；而在内需型增长方式下，碳排放将增长到一个相对较低的水平，在 2037 年达到 2042MtC 随后降低。两种增长方式情景下的累积碳排放分别为 94.8GtC 和 79.2GtC，意味着转变经济增长方式可以减排 15.6GtC，相当于减排 16.5%。

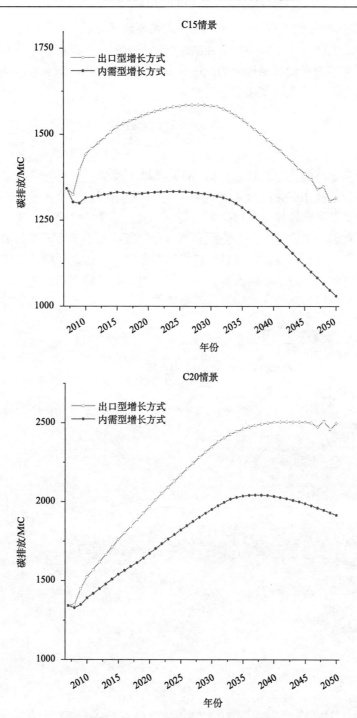

图 7.15　基于不同增长方式消费偏好情景下未来碳排放趋势

　　为了使读者对 C15 和 C20 情景有更好的认识，我们进一步对追赶速度做一下对比说明。在产业结构改变和各部门能源效率按假设速度改进的综合作用下，计算得到全社会综合能源强度的下降速度分别为：出口型增长方式（C15）为 6.4%、出口型增长方式（C20）

为 4.9%、内需型增长方式（C15）为 6.3%、内需型增长方式（C20）为 4.8%。另外，中国在十一五规划中提出的"2010 年比 2005 年降低 20%"，意味着年均降速为 4.36%。第 2 章计算得到的综合能源强度年均降速约为 4.75%。因此，C20 的追赶速度是可以实现的，而实现 C15 的追赶速度需要付出更大努力。

7.5　小　　结

本章利用多部门跨期动态优化（MIDO）模型，模拟了不同消费偏好模式驱动下中国未来经济增长路径和产业结构优化方向，计算了在不同能源效率提高速度下中国未来各部门能源消费量和碳排放总量的趋势。其中，关于消费偏好模式，我们采用了两种假设，一是基于发展阶段提出中国经济发展到一定阶段可能向发达国家的消费模式转换，为此选取美国、欧盟和日本的消费偏好模式作为参照；二是基于增长方式提出了出口型和内需型增长方式所对应的不同消费偏好模式。关于能源效率提高速度，我们假设各部门能效不断追赶能效最高的水平，基于不同的追赶速度设定了不同的能效提高速度。

第8章 减排情景平稳增长与产业结构优化模拟

第7章对无排放约束，即自由排放情景下的经济增长、产业结构调整和能源消费与碳排放趋势进行了模拟。在此基础上，我们可以设定减排目标，研究减排约束下对经济增长和产业结构优化路径所带来的影响。可以想象，当设定减排目标之后，社会计划者的目标将是在允许排放的范围内，尽量使社会成员的效用最大。于是，在消费需求拉动和排放限制同时作用下，消费偏好权重较低和能源强度较高的部门将被限制发展，从而带来产业结构进一步向低碳方向发展，但同时也将导致一部分福利损失。

8.1 减排目标设定

从模型结构来看，读者可以根据需要选择不同的消费偏好模式、不同的能源效率提高速度以及不同的排放总量约束目标等多种政策组合来进行模拟。为了叙述方便和与第7章的研究可以进行类比，我们在此设定三种简单的减排情景，即在自由排放情景的排放量基础上分别减排10%、15%和20%，并与自由情景进行对比。由于减排幅度是在自由排放量基础上的一个比率，因此选择哪个能效提高情景并不会影响减排目标对产业结构调整的趋势和幅度。为此，我们选取较为接近历史发展趋势的"情景2030"，即各部门能源强度到2030年达到世界2007年先进水平。接下来分别对不同消费偏好情景下的减排约束后的产业结构演变和碳排放趋势进行模拟分析和对比。

8.2 经济增长与产业结构演变趋势

减排目标的设定将进一步驱动产业结构向能耗低的部门调整，同时使经济增长速度进一步放缓，这是减排所必然导致的经济成本。接下来将具体分析在不同消费偏好模式情景下进行不同程度的减排将给未来中国经济增长和产业结构调整带来怎样的影响。

8.2.1 中国偏好情景下的减排约束

基于7.3节模拟得到的在中国消费偏好情景下的碳排放趋势，2007～2050年我国累积碳排放量为123.4 GtC，在此基础上减排10%、15%和20%相当于累积排放量分别控制在111.0 GtC、104.9 GtC和98.7 GtC。将式（6.12）引入优化控制模型，并将上述三个控制目标分别赋给 $\bar{M}$ 进行模拟，得到不同减排目标下的各部门 GDP 增长趋势和产业结构调整结果，分别如图8.1和图8.2所示。

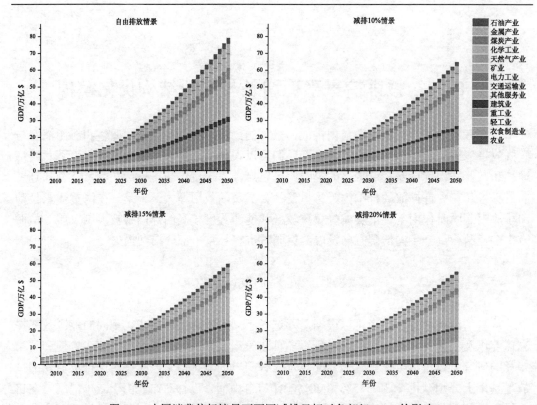

图 8.1　中国消费偏好情景下不同减排目标对各部门 GDP 的影响

从图 8.1 中可以看出，减排行动将抑制 GDP 的增长势头。随着减排力度的加大，GDP 的增长速度逐渐放缓。在中国消费偏好模式下，自由排放情景中 GDP 的年均增长率可以实现 7.1%的增速，而在三种减排情景中，GDP 年均增长率将分别降至 6.6%、6.4%和 6.2%。在累积效应的作用下，到 2050 年 GDP 从自由排放情景中的 79 万亿美元分别跌至 65 万亿、60 万亿和 55 万亿美元左右。从累积 GDP 损失来看，相比自由排放情景，减排 10%、15%和 20%对应的 GDP 损失分别为 171 万亿、237 万亿和 301 万亿美元，由此得到平均减排成本为 1.38 万元/tC、1.28 万元/tC 和 1.22 万元/tC 等价物。可见，随着减排幅度增大，平均减排成本呈降低趋势。

从产业结构演变情况来看，2050 年的产业结构如图 8.2 所示，在减排目标约束下，其他服务业的比重将在自由排放情景基础上进一步明显提高。此外，农业、农食制造部门比重提高 1~2 个百分点，轻工业与重工业的比重略有下降，建筑业的比重下降两个百分点左右。总体来看，非高耗能部门比重从 65.9%分别提高到 69.5%、70.8%和 71.8%。高耗能行业中各部门比重均有所降低，如化工、金属等，但降幅较小，约 1 个百分点左右。

8.2.2　欧盟偏好情景下的减排约束

在欧盟消费偏好模式驱动下，2007~2050 年我国累积碳排放量为 116.3GtC，在此基础上减排 10%、15%和 20%相当于累积排放量分别控制在 104.7GtC、98.8GtC 和 93.0GtC。

在这三个减排控制目标约束下,得到不同减排目标下的各部门 GDP 增长趋势和产业结构调整结果,分别如图 8.3 和图 8.4 所示。

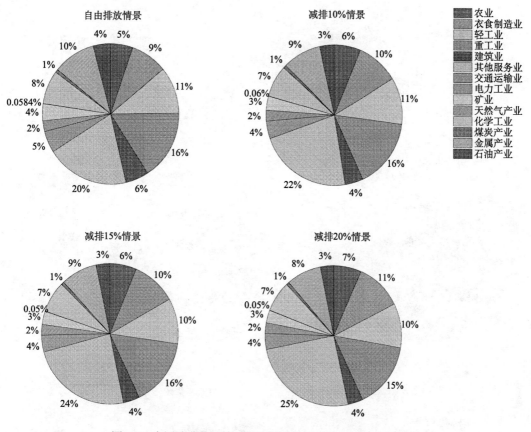

图 8.2　中国消费偏好情景下不同减排目标对产出结构的影响

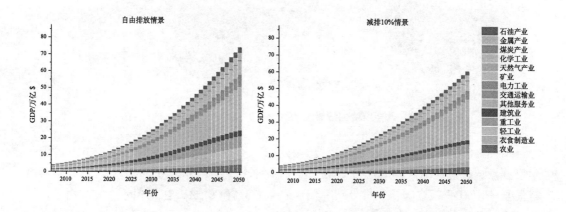

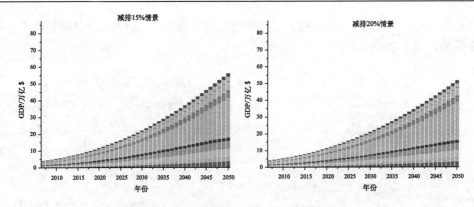

图 8.3　欧盟消费偏好情景下不同减排目标对各部门 GDP 的影响

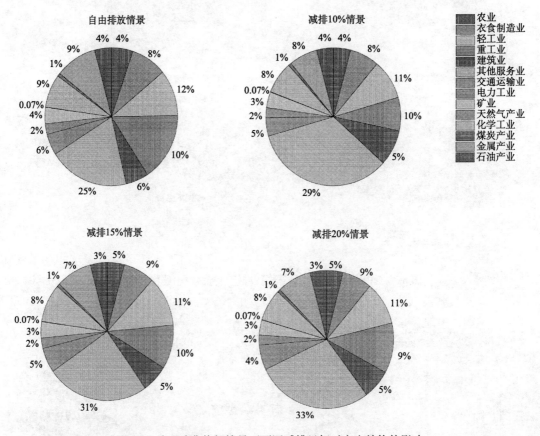

图 8.4　欧盟消费偏好情景下不同减排目标对产出结构的影响

　　从图 8.3 中可以看出，在欧盟消费偏好模式下，在减排目标的约束下，GDP 的增长速度逐渐放缓。自由排放情景中 GDP 的年均增长率可以达到 7.0% 的增速，而在三种减排情景中，GDP 年均增长率将分别降至 6.5%、6.3% 和 6.1%。在累积效应的作用下，到 2050 年 GDP 从自由排放情景中的 74 万亿美元分别跌至 61 万亿、56 万亿和 52 万亿美元左右。从累积 GDP 损失来看，相比自由排放情景，减排 10%、15% 和 20% 对应的 GDP

损失分别为 159 万亿、221 万亿和 282 万亿美元,由此得到平均减排成本为 1.37 万元/tC、1.26 万元/tC 和 1.21 万元/tC 等价物。同样地,随着减排幅度增大,平均减排成本呈降低趋势,且与中国消费偏好模式情景的减排成本基本相当。

从产业结构演变情况来看,2050 年的产业结构如图 8.4 所示,在减排目标约束下,其他服务业的比重将在自由排放情景基础上有明显提高。此外,农业、衣食制造部门比重分别提高 1 个百分点左右,轻工业、重工业与建筑业的比重分别下降 1 个百分点左右。总体来看,非高耗能部门比重从 65.3%分别提高到 69.2%、70.3%和 71.4%。高耗能行业中各部门比重均有所降低,如交通运输和金属部门约两个百分点左右,矿业、化工和石油下降 1 个百分点左右。

8.2.3　日本偏好情景下的减排约束

在日本消费偏好模式驱动下,2007~2050 年我国累积碳排放量为 107.6GtC,在此基础上减排 10%、15%和 20%相当于累积排放量分别控制在 96.8GtC、91.5GtC 和 86.1GtC。在这三个减排控制目标约束下,得到不同减排目标下的各部门 GDP 增长趋势和产业结构调整结果,分别如图 8.5 和图 8.6 所示。

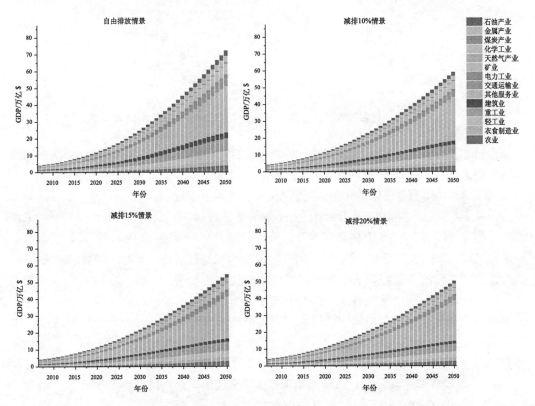

图 8.5　日本消费偏好情景下不同减排目标对各部门 GDP 的影响

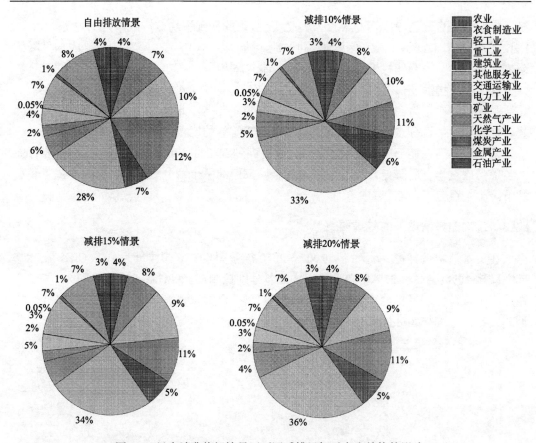

图 8.6 日本消费偏好情景下不同减排目标对产出结构的影响

在日本消费偏好模式下，自由排放情景中 GDP 的年均增长率为 6.9%，而在三种减排情景中，GDP 年均增长率将分别降至 6.4%、6.2%和 6.0%。在累积效应的作用下，到 2050 年 GDP 从自由排放情景中的 72 万亿美元分别跌至 59 万亿、55 万亿和 50 万亿美元左右。从累积 GDP 损失来看，相比自由排放情景，减排 10%、15%和 20%对应的 GDP 损失分别为 155 万亿、215 万亿和 275 万亿美元，由此得到平均减排成本为 1.44 万元/tC、1.34 万元/tC 和 1.28 万元/tC 等价物。同样地，随着减排幅度增大，平均减排成本呈降低趋势，但与中国消费偏好模式情景的减排成本相比有所提高。

从产业结构演变情况来看，2050 年的产业结构如图 8.6 所示，在减排目标约束下，其他服务业的比重将在自由排放情景基础上提高 5~8 个百分点。此外，衣食制造部门比重将提高 1 个百分点左右，轻工业与重工业的比重分别下降 1 个百分点左右，建筑业降低两个百分点左右。总体来看，非高耗能部门比重从 67.9%分别提高到 71.3%、72.3%和 73.2%。高耗能行业中各部门比重均有所降低，如交通运输部门降低约两个百分点左右，而矿业、金属和石油部门下降 1 个百分点左右。

8.2.4　美国偏好情景下的减排约束

在美国消费偏好模式驱动下，2007～2050 年我国累积碳排放量为 94.7GtC，在此基础上减排 10%、15%和 20%相当于累积排放量分别控制在 85.2GtC、80.5GtC 和 75.7GtC。在这三个减排控制目标约束下，得到不同减排目标下的各部门 GDP 增长趋势和产业结构调整结果，分别如图 8.7 和图 8.8 所示。

从图 8.7 中可以发现，与中国消费偏好模式相比，在美国消费偏好模式下，各种情景的 GDP 都有大幅下降。自由排放情景中 GDP 的年均增长率仅为 6.6%，而在三种减排情景中，GDP 年均增长率将分别降至 6.1%、6.0%和 5.8%。在累积效应的作用下，到 2050 年 GDP 从自由排放情景中的 65 万亿美元分别跌至 53 万亿、49 万亿和 46 万亿美元左右。从累积 GDP 损失来看，相比自由排放情景，减排 10%、15%和 20%对应的 GDP 损失分别为 142 万亿、197 万亿和 251 万亿美元，由此得到平均减排成本为 1.49 万元/tC、1.39 万元/tC 和 1.32 万元/tC 等价物。同样地，随着减排幅度增大，平均减排成本呈降低趋势，但与其他消费偏好模式情景的减排成本相比有进一步提高。

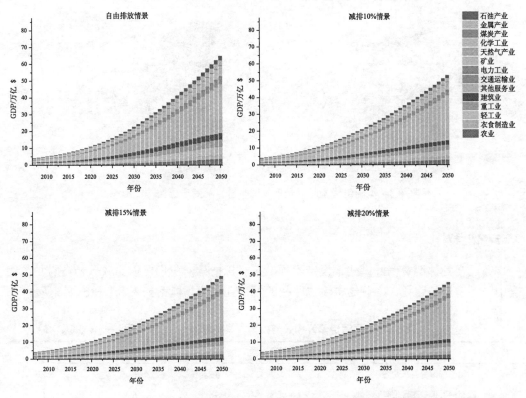

图 8.7　美国消费偏好情景下不同减排目标对各部门 GDP 的影响

从产业结构演变情况来看，2050 年的产业结构如图 8.8 所示，在减排目标约束下，其他服务业的比重将在自由排放情景基础上提高 4~8 个百分点。此外，衣食制造部门比重将提高 1 个百分点左右，轻工业、重工业与建筑业的比重分别下降 1 个百分点左右。

总体来看，非高耗能部门比重从 70.5%分别提高到 73.5%、74.3%和 75.1%。高耗能行业中各部门比重均有所降低，如矿业、金属和石油部门下降 1 个百分点左右。

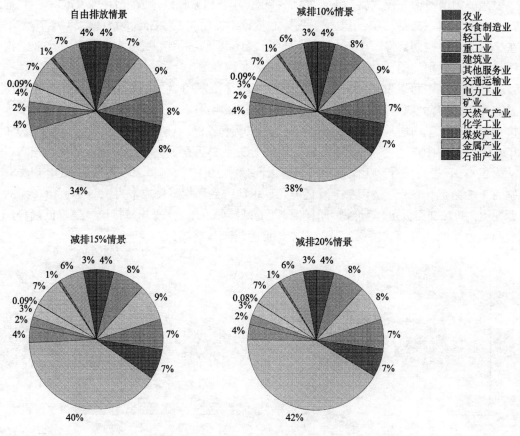

图 8.8　美国消费偏好情景下不同减排目标对产出结构的影响

8.2.5　情景对比

通过在各种消费偏好模式下设定不同减排目标情景，我们可以比较分析各种情景组合中的经济增长路径、产业结构演化路径的规律性特征。概括如表 8.1 和表 8.2 所示。

表 8.1　不同消费偏好模式与减排情景中年均 GDP 增长率　　　（单位：%）

情景	自由排放	减排 10%	减排 15%	减排 20%
中国消费偏好基准情景	7.1	6.6	6.4	6.2
欧盟消费偏好基准情景	7.0	6.5	6.3	6.1
日本消费偏好基准情景	6.9	6.4	6.2	6.0
美国消费偏好基准情景	6.6	6.1	6.0	5.8

从表 8.1 中可以发现，与消费偏好模式下产业结构演变的结果一致：在中国、欧盟、日本和美国消费偏好模式的引导下，经济增长因结构调整放缓的效应依次增强，在各减排情景中依然如此。此外，减排目标也会进一步减缓经济增长，在四种消费偏好模式下，GDP 的年均增长率分别为 7.1%~6.2%、7.0%~6.1%、6.9%~6.0% 和 6.6%~5.8%。

表 8.2 不同消费偏好模式与减排情景中非高耗能行业的比重 （单位：%）

情景	自由排放	减排 10%	减排 15%	减排 20%
中国消费偏好基准情景	65.9	69.5	70.8	71.8
欧盟消费偏好基准情景	65.3	69.2	70.3	71.4
日本消费偏好基准情景	67.9	71.3	72.3	73.2
美国消费偏好基准情景	70.5	73.5	74.3	75.1

表 8.2 反映了在各消费偏好模式下，不同减排目标约束下到 2050 年非高耗能行业在经济结构中的比重。从中可以看出，随着减排力度的增大，非高耗能行业比重得到提升。尤以美国消费偏好模式最为明显，这也与消费偏好模式本身的影响有关。

8.3 能源消费与碳排放

在减排目标约束下，产业结构将作出相应调整，进而带来各部门能源消费与碳排放总量发生变化。接下来将简要地对各消费偏好模式情景下设定减排约束后的能源消费与碳排放趋势特征进行分析。

8.3.1 中国偏好情景下的减排约束

以中国消费偏好模式为基准，分别设定 10%、15% 和 20% 的减排目标后，中国未来各部门能源消费量和碳排放趋势分别如图 8.9 和图 8.10 所示。

总体来看，减排情景下中国未来能源消费总量的增长趋势得到有效抑制，能源消费高峰显著提前，从自由排放情景中的 2044 年提前到减排 10% 目标下的 2035 年，再到减排 15% 目标下的 2033 年，在减排 20% 目标下提前到 2031 年。峰值能源消费量也大幅降低，三种减排情景下的能源峰值比自由排放情景峰值分别降低 18.7%、24.5% 和 29.8%。

从部门能源消费量来看，建筑业能耗的下降趋势最为明显，随着减排力度加大，该部门未来能源消费量不升反降；其次是采矿业、交通运输业、石油、金属和煤炭等高耗能部门。节能减排目标的实现主要依赖于高耗能部门的产业压缩和能效提高。到 2050 年，在能源消费总量中，高耗能部门的比重出现明显下降，从 2005 年的 76.8% 逐渐降至 75.9%（基准情景）、72%（减排 10% 情景）、70.7%（减排 15% 情景）和 69.4%（减排 20% 情景）。

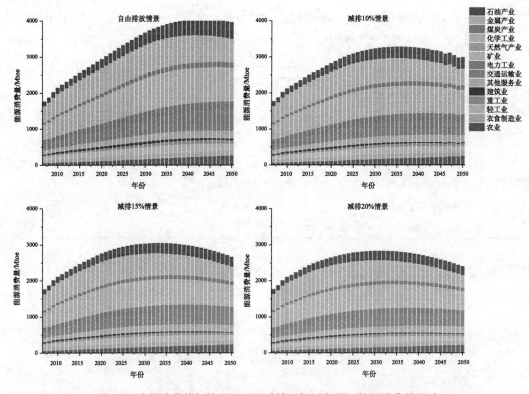

图 8.9　中国消费偏好情景下不同减排目标对各部门能源消费的影响

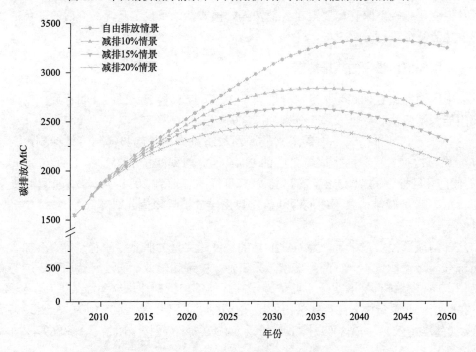

图 8.10　中国消费偏好情景下不同减排目标对碳排放趋势的影响

在减排目标约束下,碳排放趋势路径显著下降,且高峰出现的年份提前。自由排放情景下,高峰出现在 2042 年,为 3335.5MtC;在减排 10%、15%和 20%的目标下,碳排放高峰逐渐提前到 2035 年、2033 年和 2031 年,对应的高峰碳排放量分别为 2839.2MtC、2638.7MtC 和 2455.3MtC。

8.3.2　欧盟偏好情景下的减排约束

以欧盟消费偏好模式为基准,分别设定 10%、15%和 20%的减排目标后,中国未来各部门能源消费量和碳排放趋势分别如图 8.11 和图 8.12 所示。

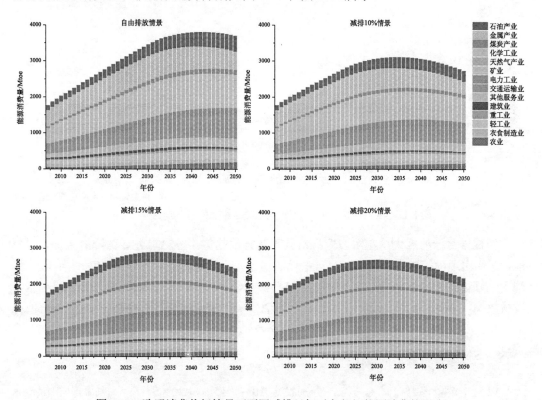

图 8.11　欧盟消费偏好情景下不同减排目标对各部门能源消费的影响

在转变消费模式和减排目标的共同作用下,中国未来能源消费总量呈显著下降趋势。能源消费高峰较中国消费偏好模式下进一步提前,从自由排放情景中的 2042 年提前到减排 10%目标下的 2035 年,再到减排 15%目标下的 2032 年,在减排 20%目标下提前到 2030 年。峰值能源消费量也大幅降低,三种减排情景下的能源峰值比自由排放情景峰值分别降低 18.2%、23.9%和 29.1%,比中国消费模式下的对应基准与减排情景分别降低 5.7%、5.2%、5.0%和 4.9%。

从部门能源消费量来看,随着减排力度加大,金属、建筑业、电力和衣食制造业部门的未来能源消费量将逐渐下降。从绝对节能量而言,金属部门最高,其次为交通运输业、采矿业、化工业、石油等高耗能部门。到 2050 年,在能源消费总量中,高耗能部门的比重出现明显下降，从基准情景的 76.9% 分别降至 73.4%（减排 10% 情景）、72.2%（减排 15% 情景）和 71.2%（减排 20% 情景）。

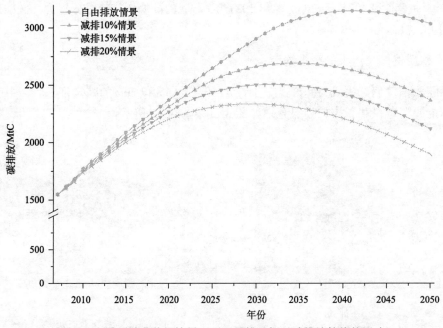

图 8.12　欧盟消费偏好情景下不同减排目标对碳排放趋势的影响

　　受减排目标的约束，在欧盟偏好情景下碳排放趋势路径也呈显著下降的特征，同样地，高峰出现的年份也明显提前。自由排放情景下，碳排放高峰出现在 2041 年，较中国消费偏好情景提早 1 年，高峰排放量为 3149.2MtC；在减排 10%、15% 和 20% 的目标下，碳排放高峰逐渐提前到 2034 年、2032 年和 2030 年，均较中国偏好模式下对应的高峰提前 1 年，对应的高峰碳排放量分别为 2693.1MtC、2507.6MtC 和 2336.4MtC。

8.3.3　日本偏好情景下的减排约束

　　以日本消费偏好模式为基准，分别设定 10%、15% 和 20% 的减排目标后，中国未来各部门能源消费量和碳排放趋势分别如图 8.13 和图 8.14 所示。

　　在此情景下，中国能源消费量进一步降低。能源消费高峰从自由排放情景中的 2041 年提前到减排 10% 目标下的 2034 年，再到减排 15% 目标下的 2032 年，在减排 20% 目标下提前到 2029 年。峰值能源消费量显著下降，三种减排情景下的能源峰值比自由排放情景峰值分别降低 17.7%、23.4% 和 28.6%，比中国消费偏好模式下对应的基准与减排情景分别降低 13.5%、12.5%、12.2% 和 12.1%。

　　从部门能源消费量来看，随着减排力度加大，金属、天然气、建筑业、电力、衣食制造业和矿业部门的未来能源消费量将逐渐下降。同样地，金属部门绝对节能量最高，其次为交通运输业、采矿业、化工业、石油等高耗能部门。到 2050 年，在能源消费总量中，高耗能部门的比重出现明显下降，从基准情景的 75.8% 分别降至 72.4%（减排 10% 情景）、71.4%（减排 15% 情景）和 70.4%（减排 20% 情景）。

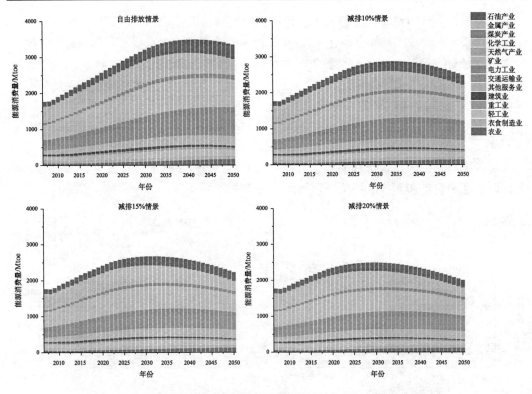

图 8.13　日本消费偏好情景下不同减排目标对各部门能源消费的影响

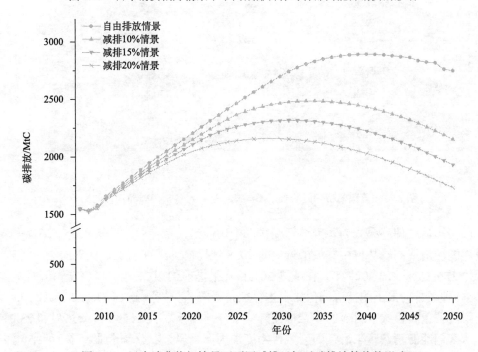

图 8.14　日本消费偏好情景下不同减排目标对碳排放趋势的影响

　　同样地，在日本消费偏好模式下，减排目标也影响碳排放趋势呈显著下降趋势。自由排放情景下，碳排放高峰出现在 2040 年，较中国消费偏好情景提早两年，高峰排放量为 2891.8MtC；在减排 10%、15% 和 20% 的目标下，碳排放高峰逐渐提前到 2034 年、2031 年和 2029 年，均较中国偏好模式下对应的高峰提前 1~2 年，对应的高峰碳排放量分别为 2485.6MtC、2316.7MtC 和 2160.0MtC。

8.3.4　美国偏好情景下的减排约束

　　以美国消费偏好模式为基准，分别设定 10%、15% 和 20% 的减排目标后，中国未来各部门能源消费量和碳排放趋势分别如图 8.15 和图 8.16 所示。

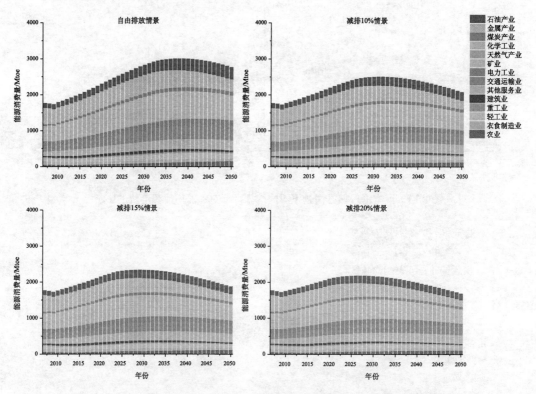

图 8.15　美国消费偏好情景下不同减排目标对各部门能源消费的影响

　　以美国消费偏好模式为基准进行减排，中国能源消费量较之前情景的下降幅度更为显著。能源消费高峰从自由排放情景中的 2038 年提前到减排 10% 目标下的 2032 年，再到减排 15% 目标下的 2029 年，在减排 20% 目标下提前到 2027 年。峰值能源消费量显著下降，三种减排情景下的能源峰值比自由排放情景峰值分别降低 16.7%、22.2% 和 27.4%，比中国消费偏好模式下对应的基准与减排情景分别降低 25.4%、23.6%、23.2% 和 23.0%。

　　从部门能源消费量来看，随着减排力度加大，金属、衣食制造业、重工业、电力、轻工业和建筑业部门的未来能源消费量将出现下降。同样地，绝对节能量由高到低依次为金属业、采矿业、交通运输业、化工业、石油等高耗能部门。到 2050 年，在能源消费总量中，高耗能部门的比重出现明显下降，从基准情景的 73.2%分别降至 70.1%（减排10%情景）、69.2%（减排 15% 情景）和 68.3%（减排 20% 情景）。

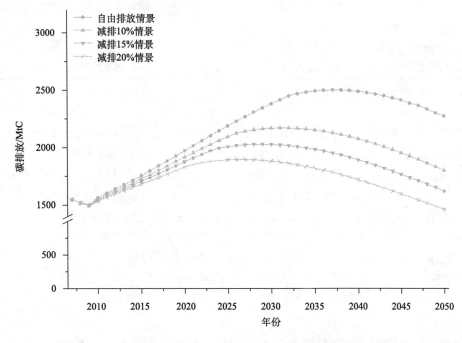

图 8.16　美国消费偏好情景下不同减排目标对碳排放趋势的影响

由于美国消费偏好模式下带来的碳排放量较其他消费偏好模式小，在减排目标的约束下碳排放增长趋势进一步放缓。自由排放情景下，碳排放高峰出现在 2037 年，较中国消费偏好情景提早了 5 年，高峰排放量为 2500.7MtC；在减排 10%、15%和 20%的目标下，碳排放高峰逐渐提前到 2031 年、2029 年和 2026 年，均较中国偏好模式下对应的高峰提前 4~5 年，对应的高峰碳排放量分别为 2171.0MtC、2028.7MtC 和 1894.9MtC。

8.3.5　情景对比

通过对比各种消费偏好模式与减排目标情景组合下能源消费和碳排放的趋势，我们发现能源消费与碳排放高峰和峰值具有如表 8.3 和表 8.4 所示的规律性特征。

表 8.3　不同消费偏好模式与减排情景中能源消费高峰年份及对应能源消费总量

情景	自由排放	减排 10%	减排 15%	减排 20%
中国消费偏好基准情景	2044（4032.5）	2035（3279.4）	2033（3046.3）	2031（2832.6）
欧盟消费偏好基准情景	2042（3803.0）	2035（3110.8）	2032（2894.4）	2030（2694.6）
日本消费偏好基准情景	2041（3487.7）	2034（2870.7）	2032（2673.1）	2029（2489.8）
美国消费偏好基准情景	2038（3006.4）	2032（2504.9）	2029（2338.5）	2027（2181.7）

注：括号中数据为对应的高峰能源消费量，单位为 Mtoe

表 8.4　不同消费偏好模式与减排情景中碳排放高峰年份及对应排放量

情景	自由排放	减排 10%	减排 15%	减排 20%
中国消费偏好基准情景	2042（3335.5）	2035（2839.2）	2033（2638.7）	2031（2455.3）
欧盟消费偏好基准情景	2041（3149.2）	2034（2693.1）	2032（2507.6）	2030（2336.4）
日本消费偏好基准情景	2040（2891.8）	2034（2485.6）	2031（2316.7）	2029（2160.0）
美国消费偏好基准情景	2037（2500.7）	2031（2171.0）	2029（2028.7）	2026（1894.9）

注：括号中数据为对应的高峰排放量，单位为 MtC

　　在消费偏好模式和减排目标的共同作用下，未来能源消费与碳排放的趋势也将随之发生变化。从表 8.3 和表 8.4 中可以看出，在中国、欧盟、日本和美国消费偏好模式下，能源消费量高峰分别从自由排放下的 2044 年、2042 年、2041 年和 2038 年分别提前到减排 20%情景下的 2031 年、2030 年、2029 年和 2027 年；相应的碳排放高峰分别从无约束自由排放下的 2042 年、2041 年、2040 年和 2037 年分别提前到减排 20%情景下的 2031年、2030 年、2029 年和 2026 年。随着减排力度的加强，能源消费和碳排放的增长趋势将逐渐放缓，表现为高峰年份提早来临，高峰消费量和排放量也明显下降。

8.4　小　　结

　　本章利用 MIDO 模型，增加了关于排放总量的约束条件，模拟了减排目标设定后对未来的经济增长走势、产业结构演变将带来怎样的影响，同时得到了各个部门能源消费和碳排放的变化情况。本章是对 MIDO 模型的另一个应用，可以看作对第 7 章的一个扩展。一方面为读者展示了如何将产业结构调整内生到平稳增长模型中，另一方面也通过模拟应用揭示了未来产业结构在减排政策以及其他因素影响下的演进方向。

　　附（模型求解 GAMS 代码）

```
----------------------------------------BEGIN----------------------------------------
SETS
T                        TIME PERIODS        /2007*2050/
SEC                      SECTORS             /Agricul, FoodClo, Coal, OilProd,
                                             GasProd, Chemic, Mineral, Metals, LhtMnfc,
                                             HvyMnfc, Electric, Constr, Transp, OthServ/
TFIRST(T)                FIRST PERIOD
TLAST(T)                 LAST PERIOD;
ALIAS(SEC,IND);


TFIRST(T)=YES$(ORD(T) EQ 1);
TLAST(T)=YES$(ORD(T) EQ CARD(T));
```

SCALARS

DEP	DEPRECIATION OF CAPITAL	/0.051/
TPRF	TIME PREFERENCE	/0.05/
MTAR	EMISSION TARGET ;	

PARAMETERS

EI2007(SEC)	ENERGY INTENSITY OF EACH SECTOR IN 2007
EI_Drate(SEC)	DROPPING RATE OF EI OF EACH SECTOR
AL(T,SEC)	TFP OF EACH SECTOR
AL0(SEC)	INITIAL TFP OF EACH SECTOR
AG(SEC)	TFP'S GROWTH RATE
GAMM(SEC)	GAMMA OF EACH SECTOR(CAPITAL ELESTICITY)
DIC(SEC,IND)	DIRECT INPUT COEFFICIENT
VAC(SEC)	SHARE OF VA IN OUTPUT
CF(SEC)	CARBON COEFFICIENT(CARBON CONTENT)
WGHT(SEC)	WEIGHT OF CONSMP OF EACH SECTOR
CRO(SEC)	CONSUMP. RATIO OF GDP BY EACH SECTOR
LABOR(T,SEC)	LABOR FORCE OF EACH SECTOR IN TIME T
EI(T,SEC)	ENERGY INTENSITY OF EACH SECTOR IN TIME T
PE(SEC)	ENERGY UNIT PER CONSUMPTION
CFC(SEC)	CARBON COEFFICIENT OF CONSUMPTION OF FINAL ENERGY USE
	* INITIAL STATE OF VARIABLES
K0(SEC)	INITIAL CAPITAL OF EACH SECTOR
Y0(SEC)	INITIAL OUTPUT OF EACH SECTOR;

POSITIVE VARIABLES

C(T,SEC)	COMSUMPTION OF SECTOR GOOD IN TIME T
I(T,SEC)	INVESTMENT ON SECTOR IN TIME T
E(T,SEC)	ENERGY USED IN SECTOR OF TIME T
ETOT(T)	TOTAL ENERGY CONSUMPTION
K(T,SEC)	CAPITAL STOCK IN SECTOR OF TIME T
X(T,SEC,IND)	INTERMEDIATE INPUTS
VA(T,SEC)	VALUE ADDED
FU(T,SEC)	FINAL USAGE
Y(T,SEC)	GDP PRODUCED OF SECTOR IN TIME T
R(T,SEC)	RESIDUE OF GDP MINUS COMSUMPTION
M(T)	ANNUAL CARBON EMISSIONS
QM(T)	ACCUMULATED CARBON EMISSIONS UNTIL TIME T;

VARIABLES

PERIODU(T)	UTILITY OF TIME T
UTIL	SUM OF PRESENT VALUE OF PERIODU;

EQUATIONS

VALADD(T,SEC)	VALUE ADDED FUNC.
PRODUCTION(T,SEC)	PRODUCTION FUNCTION
INTERMED(T,SEC,IND)	INTERMEDIATE INPUT FUNC.
ENRGDEMD(T,SEC)	ENERGY DEMAND FUNCTION
ENRGCONM(T)	TOTAL ENERGY CONSUMPTION
FINALUSE(T,SEC)	FINAL USAGE FUNC.
CCONSM(T,SEC)	CONSUMPTION FUNC.
RESIDUE(T,SEC)	RESIDUE AVALABLE TO INVEST
BALANCE(T)	BUDGET BALANCE
CAPINIT(T,SEC)	INITIAL CAPITAL STOCK
CAPCUM(T,SEC)	CAPITAL ACCUMULATION
CARBEMS(T)	ANNUAL CARBON EMISSION
CARBQMS(T)	ACCUM. CARBON EMISSION
PERDU(T)	UTILITY FUNC OF EACH PERIOD
TOTUTL	TOTAL PRESENT VALUE OF UTILITY;

VALADD(T,SEC)..

VA(T,SEC)=E=AL(T,SEC)*K(T,SEC)**GAMM(SEC)*LABOR(T,SEC)**(1−GAMM(SEC));

PRODUCTION(T,SEC)..	Y(T,SEC)=E=(1/VAC(SEC))*VA(T,SEC);
INTERMED(T,SEC,IND)..	X(T,SEC,IND)=E=DIC(SEC,IND)*Y(T,IND);
ENRGDEMD(T,SEC)..	E(T,SEC)=E=Y(T,SEC)*EI(T,SEC);
ENRGCONM(T)..	ETOT(T)=E=SUM(SEC,E(T,SEC))+SUM(SEC,C(T,SEC)*PE(SEC));
FINALUSE(T,SEC)..	FU(T,SEC)=E=Y(T,SEC) −SUM(IND,X(T,SEC,IND));
CCONSM(T,SEC)..	C(T,SEC)=E=FU(T,SEC)*CRO(SEC);
RESIDUE(T,SEC)..	R(T,SEC)=E=FU(T,SEC) −C(T,SEC);
BALANCE(T)..	SUM(SEC,R(T,SEC))=E=SUM(SEC,I(T,SEC));
CAPINIT(TFIRST,SEC)..	K(TFIRST,SEC)=E=K0(SEC);
CAPCUM(T+1,SEC)..	K(T+1,SEC)=E=K(T,SEC)*(1−DEP)+I(T,SEC);
CARBEMS(T)..	M(T)=E=SUM(SEC,CF(SEC)*E(T,SEC))+SUM(SEC,C(T,SEC)*CFC(SEC));
CARBQMS(T)..	QM(T)=E=QM(T−1)+M(T);
PERDU(T)..	PERIODU(T)=E=SUM(SEC,WGHT(SEC)*LOG(C(T,SEC)))*(1+TPRF)**

```
                                (1–ORD(T));
TOTUTL..                        UTIL=E=SUM(T,PERIODU(T));
MODEL     BASELINE              /ALL/;


EQUATION
CARLIM(T)                       CARBON EMISSION LIMIT ;
CARLIM(TLAST)..                 QM(TLAST)=L=MTAR;
MODEL     LIMIT                 /ALL/;


PARAMETERS
EI_Drate20(SEC)                 ENERGY EFFICIENCY CATCH UP BY 2020
EI_Drate25(SEC)                 ENERGY EFFICIENCY CATCH UP BY 2025
EI_Drate30(SEC)                 ENERGY EFFICIENCY CATCH UP BY 2030
EI_Drate35(SEC)                 ENERGY EFFICIENCY CATCH UP BY 2035
EI_Drate40(SEC)                 ENERGY EFFICIENCY CATCH UP BY 2040
EI_Drate50(SEC)                 ENERGY EFFICIENCY CATCH UP BY 2050
WGHT_CN(SEC)                    WEIGHT OF EACH SECTOR IN CHINA CONSUMPTION PEREFRENCE
WGHT_US(SEC)                    WEIGHT OF EACH SECTOR IN US CONSUMPTION PEREFRENCE
WGHT_EU(SEC)                    WEIGHT OF EACH SECTOR IN EU CONSUMPTION PEREFRENCE
WGHT_JP(SEC);                   WEIGHT OF EACH SECTOR IN JAPAN CONSUMPTION PEREFRENCE


* Fetch Parameter Datafrom Excel File Named 'CES_120612.XLSX'
* Put all Options in One File
$ONECHO > RXLSSETTINGS.TXT
output= CES_131015.gdx

par=AL0                 rng=PARM!B1:O2              Cdim=1
par=AG                  rng=PARM!B4:O5             Cdim=1
par=GAMM                rng=PARM!B7:O8             Cdim=1
par=DIC                 rng=PARM!T1:AH15           Cdim=1    Rdim=1
par=VAC                 rng=PARM!U18:AH19          Cdim=1
par=K0                  rng=PARM!B10:O11           Cdim=1
par=WGHT_CN             rng=PARM!B13:O14           Cdim=1
par=EI2007              rng=PARM!B16:O17           Cdim=1
par=EI_Drate20          rng=PARM!B19:O20           Cdim=1
par=EI_Drate25          rng=PARM!B21:O22           Cdim=1
par=EI_Drate30          rng=PARM!B23:O24           Cdim=1
par=EI_Drate35          rng=PARM!B25:O26           Cdim=1
par=EI_Drate40          rng=PARM!B27:O28           Cdim=1
```

```
par=EI_Drate50        rng=PARM!B29:O30          Cdim=1
par=LABOR             rng=PARM!A33:O77          Cdim=1    Rdim=1
par=CF                rng=PARM!B79:O80          Cdim=1
par=PE                rng=PARM!B82:O83          Cdim=1
par=CFC               ng=PARM!B85:O86           Cdim=1
par=CRO               rng=PARM!U22:AH23         Cdim=1
par=Y0                rng=PARM!U25:AH26         Cdim=1
par=WGHT_US           rng=PARM!U29:AH30         Cdim=1
par=WGHT_EU           rng=PARM!U31:AH32         Cdim=1
par=WGHT_JP           rng=PARM!U33:AH34         Cdim=1
$OFFECHO


$CALL GDXXRW.EXE   CES_131015.xlsx   @RXLSSETTINGS.TXT
$GDXIN    CES_131015.GDX
$LOAD     AL0 AG GAMM DIC VAC K0 WGHT_CN EI2007 EI_Drate20 EI_Drate25    EI_Drate30
$LOAD     EI_Drate35   EI_Drate40 EI_Drate50 LABOR CF PE CFC CRO Y0 WGHT_US WGHT_EU WGHT_JP
$GDXIN


AL(T,SEC)=AL0(SEC)*EXP(AG(SEC)*(ORD(T)−1));


* Initial State of Variables
K.L(T,SEC)=K0(SEC);
Y.L(T,SEC)=Y0(SEC);
X.L(T,SEC,IND)=DIC(SEC,IND)*Y.L(T,IND);
FU.L(T,SEC)=Y.L(T,SEC)−SUM(IND,X.L(T,SEC,IND));
C.L(T,SEC)=FU.L(T,SEC)*CRO(SEC);


*Scenario Settings on Consumption Weight and Energy Efficiency
EI(T,SEC)=EI2007(SEC)*EXP(EI_Drate25(SEC)*(ORD(T)−1));
WGHT(SEC)=WGHT_CN(SEC);
SOLVE BASELINE USING NLP MAXIMIZING UTIL;
SOLVE LIMIT USING NLP MAXIMIZING UTIL;
$include OUTPUT_120612.gms
---------------------------------------------END-------------------------------------------------
```

第三篇　能源结构篇

第9章 成本最优的能源组合模型

我国能源结构的特点是以煤为主。由于煤炭在我国储量丰富，其开采成本低廉且使用技术成熟，因此，一直在能源供给中占据主导地位。而且这一形势在过去30多年间并没有发生根本变化（图9.1）。

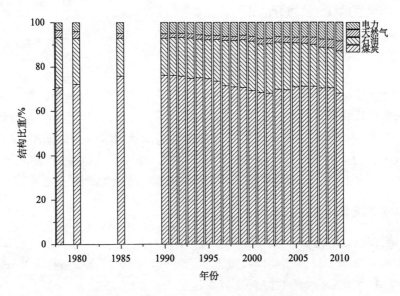

图9.1 我国 1978～2010 年能源结构变动情况

从图 9.1 中可以看出，我国一次能源消费结构中，煤炭、石油、天然气和电力（包括水电、风电和核电，不含火电等二次能源）的比例大致为 7∶2∶1。其中，煤炭从 1978 年的 70.7%下降到 2010 年的 68%，其间略有上升，如在 1990 年达到 76.2%、2006 年达到 71.1%。石油的比重略有下降，从 1978 年的 22.7%降至 2010 年的 19%。相反，天然气与电力的比重呈上升趋势，分别从 1978 年的 3.2%和 3.4%提高到 2010 年的 4.4%和 8.6%，这与我国近年来大力开发水电和核电有密切关系。

但从总体情况来看，高碳含量的化石能源在能源供给结构中的占比依然很高：煤炭和石油两者的比重之和达 90%左右，而且这一结构特征并没有发生根本变化。因此，能源结构调整也是我国实行低碳发展之路的潜在途径。

2009 年中国向国际社会宣布：到 2020 年，要将非化石能源占一次能源消费的比重提高到 15%左右，2014 年这一比重达 11.2%。其中，新能源发电得到快速发展：水电装机达到 3 亿 kW，为 2005 年的 2.57 倍；并网风电装机达到 9581 万 kW，是 2005 年的 90 倍；光伏装机达 2805 万 kW，达 2005 年的 400 倍；核电装机达到 1988 万 kW，为 2005 年的 2.9 倍。2015 年中国在自主减排承诺中作出新的能源结构调整目标，即到 2030 年非化石能源占一次能源消费的比重达 20%左右。

基于中国能源结构特征和中国政府在能源结构方面作出的雄心承诺，我们在本篇重点讨论能源结构的演化问题，包括未来能源结构演变趋势及减排目标对其产生的影响、实现能源结构调整目标所需付出的经济代价等。在第 2 章中，我们虽然对能源结构进行了简单的历史趋势外推，但这一方法显然无法回答上述问题。显而易见，决定未来能源结构演变趋势的因素，除了能源技术本身的进步与发展之外，就是不同能源技术的供给成本，而后者直接影响该技术的推广应用及其在能源消费中的比重。为此，我们需要从能源技术发展预见、能源成本的视角对能源结构的演变进行建模。而接下来，我们首先对当前相关模型的建模方法进行回顾与对比。

9.1　模　型　回　顾

如前所述，减排问题通常是在经济-能源框架下进行研究，而根据建模方法不同，可以将已有模型大致分为：①自顶向下（top-down）模型，其以传统经济学模型为基础，重点关注宏观经济与能源消费的关系以及能源使用对排放和气候的影响；②自底向上（bottom-up）模型，以能源工程技术模型为出发点，重点关注能源供给和生产过程中所使用的技术与成本细节；③混合模型，将上述两类模型结合达到优势互补的效果。

9.1.1　自顶向下模型

自顶向下模型以可计算一般均衡模型（CGE）为典型代表，从传统经济理论出发，适用于宏观经济政策、能源和气候政策方面的研究，代表性模型包括 GREEN 模型、WIAGEM 模型、BMR 模型、GTAP-E 模型等。

1. GREEN 模型

GREEN 模型是一个全球动态一般均衡模型，主要刻画化石燃料耗竭、能源生产、消费与 CO_2 排放之间的关系。它将能源分为煤、石油、天然气和电力，同时存在某种替代技术（backstop），在未来的某个时点得以替代这四种能源。其中，化石能源可被两种新型技术替代——无碳能源技术（生物质能）和含碳能源技术（页岩等合成燃料）以及无碳的电力替代技术（核聚变、太阳能和风能等），如图 9.2 所示。

相应地，GREEN 模型共包括 8 个能源生产部门：煤、原油、天然气、精炼油、电力以及三种替代技术。同时包括 3 个非能源生产部门：农业、能源密集工业、其他工业与服务业。四种消费品分别是食品饮料和烟草、燃料电力、交通运输以及其他产品服务。消费者决定如何将可支配收入在储蓄和消费品之间分配。对消费品的最终需求随即转化为对生产部门与能源的需求。

生产过程所需的初级生产要素包括劳动力、部门特定老旧资本、新建资本、部门特定固定要素（各类化石燃料及无碳替代技术部门）以及土地（农业部门）。

除了生产结构中的要素替代关系之外，各要素之间和能源技术之间的替代弹性也会对模型的结果产生显著影响。GREEN 模型假设能源与资本短期内为互补关系，长期为替代关系。为此，模型引入"资本成熟"机制——老旧资本与能源之间的短期替代弹性较小，而新资本与能源之间的长期替代弹性较高。随着时间推移，短期弹性将收敛于长期弹性。

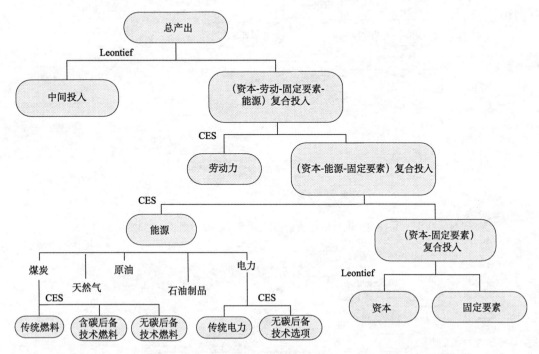

图 9.2　GREEN 模型生产结构及能源与替代技术嵌套结构图（Burniaux et al., 1992）

2. BMR 模型

Babiker 等（1997）利用该模型研究国际贸易及环境政策对世界经济的影响，因此，该模型对企业和家庭的能源内部和能源-要素替代潜力进行了详细刻画（图 9.3）。

BMR 模型生产结构将劳动力和资本复合在一起，意味着能源-资本的替代弹性与能源-劳动力弹性相同。但是在能源内部之间，BMR 模型根据不同能源直接替代的难易程度给出了丰富的替代结构：石油与天然气先进行一次嵌套，再与煤炭进行嵌套，最后再和电力能源进行嵌套。

3. GTAP-E 模型

GTAP-E 模型是在 GTAP（Global Trade Analysis Program）标准模型基础上将能源与其他非能源中间投入区别开来，考虑能源内部以及能源-要素替代特性，同时包含化石燃料碳排放及国际排放交易机制，使之具有相关气候保护政策的模拟功能。

GTAP-E 模型对 GTAP 模型的最大改进在于将能源投入从中间产品中分离出来，明确地刻画能源品种之间以及能源与其他要素之间在生产过程中的替代关系（图 9.4）。其中，模型在能源品种和嵌套结构上与 BMR 模型基本一致，而替代弹性参数值的选取则介于 GREEN 模型和 BMR 模型之间。

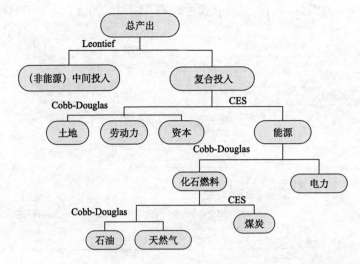

图 9.3　BMR 模型生产结构图（Burniaux and Truong, 2002）

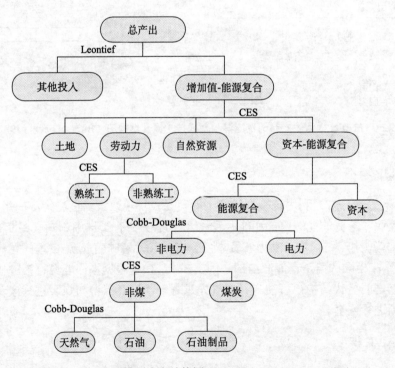

图 9.4　GTAP-E 模型生产结构图（Burniaux and Truong, 2002）

4. WIAGEM 模型

WIAGEM 模型是一个具有详细经济结构的动态一般均衡模型，同时将温室气体排放引起气温升高和海平面上升的气候响应以及气候变化对经济系统的反馈机制考虑进来，因此，它也是一个集成评估模型。

WIAGEM 模型涉及 25 个国家和地区（合并为 11 个），每个地区涵盖 14 个经济部门，其中包括 5 个能源部门——煤、原油、天然气、石油与煤产品以及电力，非能源部门包括钢铁行业、化学橡胶塑料部门、有色金属、非金属矿物产品、农业、造纸业、交通运输部门、其他制造业和服务业部门以及投资品部门。其生产结构如图 9.5 所示。

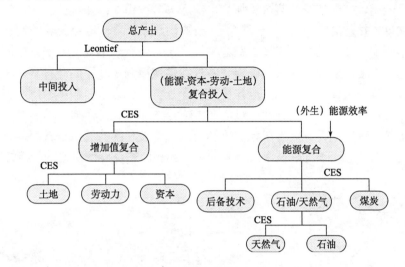

图 9.5　WIAGEM 模型生产结构图（Kemfert, 2002）

类似地，WIAGEM 模型生产函数将初级要素——能源、资本、劳动力与其他中间投入区别开来，初级要素复合采用 BMR 模型的嵌套结构，即资本、劳动力和土地先进行复合，再与能源复合品进行二次复合。而能源复合品除了实物能源消费以外，还提供了内生能源效率提高的机制。从替代弹性上看，石油和天然气之间的弹性是其与煤和其他 backstop 技术之间弹性的两倍，更容易彼此进行替代。

自顶向下模型侧重于对宏观经济均衡的关注，间接计算出对不同能源的需求情况，由此得到的能源结构演化反映出需求端的情况。而对能源部门的描述相对简化，无法细致考虑多种能源技术的发展特征以及相互替代行为，无法解释减排是通过哪些技术实现等问题。

9.1.2　自底向上模型

自底向上模型遵循技术经济优化模型的特点，重点刻画能源部门的技术细节，从能源供给的技术发展和成本演变角度对未来能源进行展望和预见。较为著名的模型包括 MARKAL、MESSAGE、WITCH、LEAP 等。这类模型通常基于多目标规划的运筹方法，可以充分反映各能源相关部门现有的技术水平及未来技术的选择，了解技术进步对未来能源和环境排放的影响。

1. MARKAL 模型

MARKAL 模型（MARKet ALlocation model）对区域能源系统进行建模，基于市场均衡假设，从微观视角刻画不同能源生产者的供给行为（供给曲线方程）、能源消费者的需求特征（需求曲线方程）以及实现供需平衡时的均衡价格与均衡产量（消费量）。该模型要求在能源系统的所有层级尺度上实现均衡，包括初级能源资源、二次转换燃料、最终能源以及能源服务（图 9.6），并对这些层级进行纵向集成。为此，模型提供了丰富的能源技术细节，既包括终端能源服务需求，如载客汽车、载货卡车、重型卡车等交通需求，居民照明、工业行业的蒸汽、加热、制冷等多种用途；还提供了对能源相关设备存量、未来可用技术的特征，以及一次能源新的供给来源与供给潜力等的估计。

针对不同能源载体的生产者和消费者来说，在完全竞争市场假设下，生产者追求利润最大化，消费者追求效用最大化。模型的目标是使净剩余，即生产者剩余和消费者剩余之和最大，这与可计算的经济一般均衡模型十分类似。为了以最小的成本提供能源服务，模型同时对设备投资、运行和初级能源供给等作出决策。例如，当居民照明需求增加时，就要求现有发电设备更密集地加以利用，或者上马新的发电设备。而有关发电设备的决策又涵盖了对可选发电技术所具有的特征和相应初级能源供给的经济性的分析。

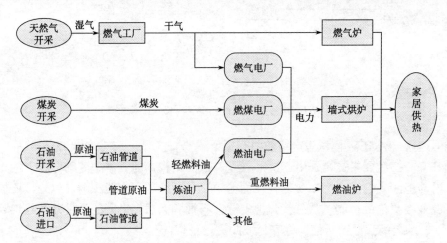

图 9.6 MARKAL 模型参照能源系统部分示意图（Loulou et al., 2004）

如图 9.6 所示，MARKAL 模型给出的一个简单的参照能源系统（Reference Energy System，RES）部分视图，其边界分别为能源资源与能源服务，反映了能源的不同来源与用途，期间经过各种技术转换。这些不同能源载体的供给与需求则被设定为由供给曲线（如能源资源的供给）和需求曲线（如对能源服务的需求），以此模型可以通过市场均衡假设求解出均衡价格及相应的需求/供给量。图 9.6 所展示的参照能源系统中，各节点代表能源的来源、去向、加工转换技术或需求，各连接线段代表能源商品，如能源载体和能源服务等。

作为一个动态系统，MARKAL 模型的运行是在对未来完全预知的假设下，同时对每一期的所有投资决策进行求解。除了时期（通常 5 年或 10 年为一期）的概念以外，模型还可以识别出冬季、夏季和过渡季三个季节，以及日间和夜间两个昼夜变化差异。这就赋予了模型对用能的季节变化和能源供给如何随需求波动等更多细节进行考虑。

2. WITCH 模型

WITCH（Bosetti et al., 2007, 2009）模型是在最优增长模型基础上，特别详细地刻画能源系统的生产结构和能源之间的替代关系，如图 9.7 所示。

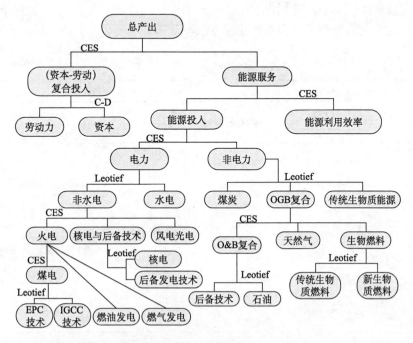

图 9.7　WITCH 模型生产结构图（Bosetti et al., 2009）

WITCH 模型引入能源服务的概念，认为能源部门提供的服务产品是由知识资本表征的能源利用效率和实物能源投入量共同决定的。其中，模型对能源实物投入从部门工程角度进行了详细的刻画，首先对电力 EL 和非电力 NEL 能源进行一级复合，然后根据不同能源之间的可替代程度，分别对电力和非电力能源再进行层层细分和多级复合嵌套。在考虑电力部门的生产过程时，认为每种电力技术的生产是通过装机容量 K、运行维护费用 OM 和一次能源投入量 X 生产出来的，且三种要素缺一不可。

电力装机容量与资本类似，通过每期的装机投资不断累积。同时考虑到学习机制可以降低装机的成本，因此，未来装机容量将受到每期装机投资和装机成本的变化影响。在一次能源供给方面，考虑了能源资源随着开采量的增加，其剩余储量将不断降低，开采的难度也将随之增大，导致能源供给成本与一次能源资源价格增加。

最终，通过对能源系统自下而上的详细描述，WITCH 模型在最优增长框架下对未来能源技术发展和替代趋势进行了研究，同时得到了关于经济增长、研发投入、装机投资、能源技术演变等的演化路径。

9.1.3　模型特征分析

自顶向下建模方法，如一般均衡模型，通常采用自上而下的"经济学"方法（如 GTAP

模型）对能源供给进行建模，即将能源部门视作一般的产品部门，生产结构采用中间投入和初级要素投入的复合形式。这样做的好处是容易与其他产品部门衔接。而自底向上建模方法在对能源供给进行建模时，通常采用自下而上的"工程学"方法（如 WITCH模型），即对能源生产技术和流程进行详细的构建，这样做的好处是可以很好地对能源技术的演变机制进行刻画，并引入相关的政策手段加以调整，与微观的能源供给特征较为吻合。以上提到的模型的能源系统建模方法以及动态求解思路如表 9.1 所示。

表 9.1　各模型主要特征比较

模型	模型架构	动态特征	部门	能源间替代	能源-要素替代
GREEN	自顶向下与 自底向上结合	递归	多部门 （投入产出）	有	有
BMR	自顶向下	递归	多部门 （投入产出）	有	有
GTAP-E	自顶向下	比较静态	多部门 （投入产出）	有	有
WIAGEM	自顶向下	跨期最优	多部门 （投入产出）	有	有
DICE/RICE	无能源部门细节	跨期最优	单部门	无	有
MERGE	自底向上	跨期最优	单部门	有	有
WITCH	自底向上	跨期最优	单部门	有	有

此外，一般均衡模型更注重"均衡"的状态，求解通常采用迭代法，最优增长模型赋予社会主体"前瞻性"，通过在当期消费和未来消费（储蓄）来实现跨期优化目标。但是两者在能源-要素以及能源品种之间均假设存在替代关系，即当要素相对价格发生变化时，要素之间可通过替代实现成本最小化，或通过能源替代使用能源价格较低的品种。

9.2　能源最优组合模型

基于以上模型回顾分析，可以发现 WTICH 模型在能源技术演变与成本长期演化机制等方面刻画较为详细，比较适合用于模拟分析能源结构的长期演化趋势。石莹等（2015）对该模型进行适当改进，研究了中国未来能源技术演进和成本最小目标下的能源结构优化路径。接下来，我们将改进后的模型详细描述如下。

首先，能源供给的最终目标是能够满足经济社会对能源的需求。在此，我们以第 2章计算出的经济平稳增长路径下的能源趋势作为未来各年能源需求的参照情景。各能源部门将在区域能源资源禀赋、能源技术发展现状、能源技术演变特征等一系列条件下，作出相应的技术选择与投资决策，使能源供给的长期总成本现值之和最小。模型总体思路框架如图 9.8 所示。

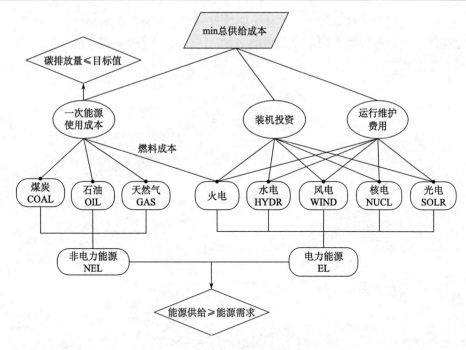

图 9.8　成本最优组合模型思路框架图

9.2.1　能源供给结构

　　根据能源的来源、技术与成本特征以及相互替代程度，我们将能源分为电力能源与非电力能源两大类，每个大类又进一步细化为不同的能源小类。具体来说，主要考虑了煤炭（COAL）、石油（OIL）、天然气（GAS）和生物质（BIO）等非电力一次能源供给，以及常规燃煤发电技术（PCEL）、超超临界燃煤发电技术（USC）、整体煤气化联合循环发电技术（IGCC）、燃油发电技术（OLEL）、燃气发电技术（GSEL）、核电技术（NUCL）、水电技术（HYDR）、风电技术（WIND）和光伏发电技术（SOLR）等。

　　其中，除了传统能源技术以外，当前讨论较多的主要有三类较为前沿且对未来能源和减排带来较大影响的技术：一是能源转换类技术，如超超临界燃煤发电（USC）、整体煤气化联合循环发电技术（IGCC）等。这一类技术在煤炭发电技术中属于发电效率较高、污染物排放较少的"清洁"燃煤发电技术，由于我国煤炭资源比其他化石能源丰富，且能源供给结构以煤为主，因此，这些技术的发展将意味着更低的成本与更高的效率，对中国因地制宜地进行减排具有重要意义。二是可再生能源技术，如太阳能光伏发电技术等。可再生能源将为人类提供持续不断的能量来源，这也将是解决气候变化和未来能源供给问题的最根本途径。三是碳捕捉及封存技术（CCS），这一技术被认为是控制温室气体大气浓度最直接的干预手段，也是应对全球气候变化挑战的重要技术（Bert et al., 2005）。但由于 CCS 技术目前在经济可行性和技术安全方面还有许多挑战，因此，本书仅将前面两类技术纳入考虑范畴，暂不考虑 CCS 技术。

　　不同能源技术之间可以在不同程度上相互替代，如热力厂可以用天然气代替煤炭进行供热，居民用电力（电磁炉等）替代传统的天然气或生物质能来烧饭等。考虑到不同能源之间的替代难易程度不同，我们采用 CES（常替代弹性）函数进行多层嵌套复合，其结构如图 9.9 所示。

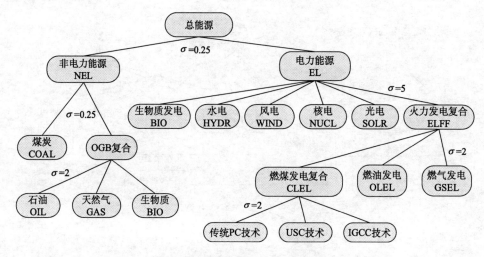

图 9.9　不同能源技术复合结构

如图 9.9 所示，该能源最优组合模型采用多层嵌套的供给形式，不同能源替代弹性参数可以较好地反映能源技术之间的相互替代关系。为此，我们采用常替代弹性函数（CES）进行复合，其一般形式可表示为

$$E_{\text{agg}} = A_{\text{agg}} \left(\sum_i \lambda_i E_i^{\rho_{\text{agg}}} \right)^{1/\rho_{\text{agg}}}, \quad \sum_i \lambda_i = 1 \tag{9.1}$$

式中，E_{agg} 为复合后的能源供给量，如 OGB 复合供给量；A_{agg} 和 λ_i 分别为规模系数和各能源技术的份额参数；E_i 为参与复合的各能源技术，如参与 OGB 复合的石油、天然气和生物质能；ρ_{agg} 为替代弹性参数，由该复合结构的替代弹性决定，替代弹性与替代弹性参数之间存在如下关系：$\sigma_{\text{agg}} = 1/(1 - \rho_{\text{agg}})$。

非电力能源主要指化石能源，还包括一部分生物质能源，其生产过程对应着从自然界中开采出来的过程。电力能源的生产需要投入装机资本（各种发电设备）、运行维护和对应的燃料消耗（新能源如风电、光电、水电等没有燃料投入）。由于这三种投入要素缺一不可，无法相互替代，因此，采用 Leontief 形式的生产函数：

$$E_{\text{el},j} = \min\{\mu_j K_j, \tau_j O_j, \xi_j F_j\} \tag{9.2}$$

简化起见，式中省略了时间下标。其中，$E_{\text{el},j}$ 代表第 j 种发电技术，K_j，O_j 和 F_j 分别表示三种生产要素：装机容量、运行维护费用和燃料投入；参数 μ_j 表示第 j 种发电技术的设备利用效率，可看作装机容量每年平均运行小时数；τ_j 为第 j 种发电技术单位运行维护费用对应的发电量；ξ_j 表示单位燃料的发电量，即燃料转化为电能的效率，对于水电、风电及太阳能发电等则不存在燃料消耗。

三种投入要素中，运行维护与燃料投入均为即期投入，装机容量则与之不同，其与资本存量类似，随着装机投资而不断累积，并随时间发生折旧。因此，装机容量的动态过程可由下式确定：

$$K_j(t+1) = (1 - \delta_j) K_j(t) + \frac{I_j(t)}{\mathrm{SC}_j(t)} \tag{9.3}$$

式中，δ_j 为第 j 种发电技术的装机折旧率，与设备的特定寿命期有关；I_j 为每期对第 j 种发电技术的装机投资；SC_j 为第 j 种发电技术的装机成本。随着技术从推广应用到逐渐成熟，其成本也将大幅下降，由此带来该技术的大规模应用。这一现象反映了推动技术进步的学习机制，而该机制对未来能源技术演变和能源结构的转型具有不可忽视的作用。

电力技术的进步主要体现在该技术在市场上的大规模应用，因此，是降低能源成本和促进新能源替代传统化石能源的决定性力量。通常采用的通过能源技术成本的历史变化趋势来预测未来的方法忽略了技术变化的内在驱动因素，以及技术自我进步和未来升级的能力。因此，学习才是技术进步的内在驱动力。参照 WITCH 模型的方法，我们利用学习曲线来描述装机成本随该技术累积装机量增加而不断下降的过程：

$$\mathrm{SC}_j = B_j K_j^{-b_j} \tag{9.4}$$

式中，b_j 表示第 j 种发电技术的学习指数，表示学习过程中经验累积对技术成本下降程度的影响。其由下式决定：

$$b = \log_2 \mathrm{PR} \tag{9.5}$$

式中，PR 为技术进步率（progess rate），定义学习率为

$$\mathrm{LR}_j = 1 - 2^{-b_j} \tag{9.6}$$

相应地，学习率（learning rate）用来表示装机容量增加一倍时，带来装机成本下降的百分比，反映了技术"学习"的速率。

9.2.2　能源供给成本

从各种能源技术的生产过程可以看出，能源的总供给成本包括一次能源供给成本 C_f，电力技术装机投资 C_I 和运行维护费用 C_O（如图 9.8），即

$$C_{\mathrm{tot}} = C_f + C_I + C_O \tag{9.7}$$

式中一次能源供给成本为一次能源供给量与其价格的乘积。长期来看，化石能源价格反映了能源的开采成本：随着化石能源的逐年消耗，剩余储量逐年降低，其开采难度和开采成本均将不断提高。为此，化石能源价格可表示为

$$P_f = \chi_f + \pi_f [Q_f / \bar{Q}_f]^{\psi_f} \tag{9.8}$$

式中，χ_f 为第 f 种化石能源的基础价格，反映了当前的开采成本、交通运输成本以及其他成本等；Q_f 和 $\bar{Q}_f$ 分别表示累积开采量和剩余储量；π_f 和 ψ_f 为成本函数的参数。从式（9.8）中可以看出，随着资源的耗竭，累积开采量不断增加，剩余储量不断下降，其比值将随之增高，意味着能源价格也将因此逐渐上涨。化石能源累积开采量与剩余储量的动态过程分别为

$$Q_f(t) = Q_f(t-1) + X_f(t-1) \tag{9.9}$$

$$\bar{Q}_f(t) = (1+\eta)\bar{Q}_f(t-1) - X_f(t-1) \tag{9.10}$$

式中，X_f 为第 f 种化石能源的每期消费量，参数 η 为剩余储量的变动率，反映了剩余储量随着勘探的深入所带来的探明储量的变动。每期化石能源消费量按照供给的能源产品不同，主要用于火力发电中的燃料投入 F_f 和非电力能源直接使用 N_f，即

$$X_f = N_f + F_f, \quad f \in \{\text{Coal}, \text{Oil}, \text{Gas}\} \tag{9.11}$$

因此，总能源供给成本为

$$C_{\text{tot}} = \sum_f (P_f X_f) + \sum_j (O_j + I_j) \tag{9.12}$$

9.2.3　碳排放模块

能源消费过程产生的碳排放主要来自化石能源，假设各化石能源品种所对应的碳排放系数为 κ_f，则碳排放量可表示为

$$M(t) = \sum_f \kappa_f X_f(t) \tag{9.13}$$

则累积碳排放量可表示为

$$\bar{M}(t+1) = \bar{M}(t) + M(t) \tag{9.14}$$

需要指出的是，本模型并没有区分作为能源使用和作为化工原料使用的化石能源，这对最终计算出的碳排放量会产生一定的影响。而且碳排放量仅指能源消费导致的碳排放，不包括土地利用变化等其他排放来源。

9.2.4　目标与约束

从经济和福利角度来说，未来达到经济效率最高和社会福利最大化的目标，能源的总供给成本应以最小化为目标。为此，模型的优化目标是使各期能源供给总成本的现值之和最小，即

$$\min \text{Cost} = \sum_{t=0}^{T} C_{\text{tot}}(t) \cdot (1+\rho)^{(1-t)} \tag{9.15}$$

式中，ρ 为贴现率。同时，模型还需要满足能源供需均衡的约束，即每期的能源供给量应不低于能源需求量：

$$E(t) \geqslant \underline{E}(t) \tag{9.16}$$

式中，$E(t)$ 为每一期的能源供给量；$\underline{E}(t)$ 为每一期能源需求量。

9.3　数据与参数估计

在能源供给模型中，非电力能源消费量数据取自《中国能源统计年鉴》，化石能源价格来源于 GTAP 数据库，各电力技术数据来源于国际能源署（IEA）与经济合作组织下属核能机构（NEA）联合发布的电力统计年报一览表，碳排放数据来源于 EIA。

9.3.1　能源复合参数

各类能源技术间的替代参数是影响模型运行的重要参数，接下来基于图 9.9 的嵌套结构对能源复合参数进行估计。对于电力能源及非电力能源的替代弹性，WITCH 模型取值为 0.5，GREEN 模型中其短期替代弹性为 0.25，长期替代弹性为 2。考虑到这两种不同属性能源间差异较大，本书将其替代弹性设置为 0.25（表 9.2）。

考虑到石油、天然气、生物质能是比较现实、可规模发展的石油替代类型，本书将石油、天然气、生物质能间的替代弹性设置为 2（表 9.4），表明三者之间具有较好的替代性。而煤炭与石油复合物间则不具有良好的替代性，因此，将替代弹性设置为 0.25（表 9.3）。对于电力能源间各发电技术，考虑到各电力技术间拥有很好的替代性，可实现并网发电，因此，设置较大的替代弹性，取值为 5（表 9.5），此外，各火力发电技术之间及不同燃煤发电技术间的替代弹性均取 2（表 9.6 和表 9.7）。

对于各级能源份额参数及规模参数的计算，是基于各能源要素的边际产出效用相等的假设计算而来的：对于某一级能源复合，形如式（9.17）所示：

$$E = A \cdot \left(\lambda_1 E_1^\rho + \lambda_2 E_2^\rho + \cdots + \lambda_i E_i^\rho + \cdots + \lambda_n E_n^\rho \right)^{1/\rho} \tag{9.17}$$

式中，E_i 为各能源子品种的供给量；λ_i 为各能源子品种的份额参数；E 为复合能源总供给；ρ 为替代弹性参数；A 为规模系数。对于各能源对总复合能源的边际产出效用之比，可表示为

$$\frac{\partial E / \partial E_j}{\partial E / \partial E_k} = \frac{A \cdot \left(\lambda_1 E_1^\rho + \lambda_2 E_2^\rho + \cdots + \lambda_n E_n^\rho \right)^{1/\rho - 1} \cdot \lambda_j \rho E_j^{\rho - 1}}{A \cdot \left(\lambda_1 E_1^\rho + \lambda_2 E_2^\rho + \cdots + \lambda_n E_n^\rho \right)^{1/\rho - 1} \cdot \lambda_k \rho E_k^{\rho - 1}} \tag{9.18}$$

即

$$\frac{\partial E_k}{\partial E_j} = \frac{\lambda_j}{\lambda_k} \left(\frac{E_j}{E_k} \right)^{\rho - 1} \tag{9.19}$$

假设各能源要素的边际复合贡献相等，即令

$$\frac{\partial E_k}{\partial E_j} = 1 \tag{9.20}$$

又有

表 9.2　总能源复合参数

参数符号	参数描述	数值
σ	电力与非电力能源间的替代弹性	0.25
ρ	总能源复合的替代弹性参数	−3
A	总能源复合的规模系数	1.31853
λ_{NEL}	非电力能源的份额参数	0.99714
λ_{EL}	电力能源的份额参数	0.00286

表 9.3　非电力能源复合参数

参数符号	参数描述	数值
σ	煤炭与 OGB 复合间的替代弹性	0.25
ρ	非电力能源复合的替代弹性参数	-3
A	非电力能源复合的规模系数	1.82303
λ_{COAL}	煤炭的份额参数	0.86693
λ_{OGB}	OGB 复合的份额参数	0.13307

表 9.4　OGB 能源复合参数

参数符号	参数描述	数值
σ	石油-天然气-生物质间的替代弹性	2
ρ	OGB 复合的替代弹性参数	-1
A	OGB 复合的规模系数	1.39046
λ_{OIL}	石油的份额参数	0.96862
λ_{GAS}	天然气的份额参数	0.03102
λ_{BIO}	生物质能的份额参数	0.00036

表 9.5　电力能源复合参数

参数符号	参数描述	数值
σ	不同电力能源技术间的替代弹性	5
ρ	电力能源复合的替代弹性参数	0.8
A	电力能源复合的规模系数	3.71238
λ_{HYDR}	水电技术的份额参数	0.23800
λ_{WIND}	风电技术的份额参数	0.13235
λ_{NUCL}	核电技术的份额参数	0.15943
λ_{SOLR}	光电技术的份额参数	0.00523
λ_{ELFF}	火电技术的份额参数	0.33711
λ_{EL_BIO}	生物质能发电技术的份额参数	0.08086

表 9.6　火力发电复合参数

参数符号	参数描述	数值
σ	不同火力发电技术间的替代弹性	2
ρ	火力发电复合的替代弹性参数	0.5
A	火力发电复合的规模系数	1.04429
λ_{COEL}	煤电发电技术的份额参数	0.999999
λ_{OLEL}	煤油发电技术的份额参数	1.26E-09
λ_{GSEL}	煤气发电技术的份额参数	5.38E-07

表 9.7　燃煤发电复合参数

参数符号	参数描述	数值
σ	不同燃煤发电技术间的替代弹性	2
ρ	燃煤发电复合的替代弹性参数	0.5
A	燃煤发电复合的规模系数	1.17086
λ_{PC}	常规燃煤发电技术的份额参数	0.99994
λ_{USC}	超超临界燃煤发电技术的份额参数	5.59E-05
λ_{IGCC}	整体煤气化联合循环发电技术的份额参数	2.35E-06

$$\lambda_1 + \lambda_2 + \cdots + \lambda_n = 1 \tag{9.21}$$

$$A = \frac{E}{\left(\lambda_1 E_1{}^\rho + \lambda_2 E_2{}^\rho + \cdots + \lambda_n E_n{}^\rho\right)^{1/\rho}} \tag{9.22}$$

在已知替代弹性的基础上，以上三式联立便可求得各能源子品种的份额参数 λ_i 和规模系数 A。

9.3.2　电力能源技术参数

电力能源中，各种电力能源的学习率是影响能源投资发展的重要参数。McDonald 和 Schrattenholzer（2001）对多种能源技术的学习率进行了估计，他们发现对于新发展的技术，由于其技术进步的空间较大，因此，学习率也相应较高，可达到 12.9%～18.7%。而对于较为成熟的技术而言，其学习率略低，为 9.8%～12.9%。而对于发展基本完善的技术而言，其技术进步的空间相对较小，其学习率也最低，一般为 7% 左右。

为此，本书根据我国实际的各种发电技术现状，来估计各能源技术学习率参数：如表 9.8 所示，水电作为目前最成熟的可再生能源发电技术，在我国已达到广泛的应用，装机成本下降的空间较小，由此将学习指数设置为 1%。气电及油电的学习率设置为 7%。我国从 2002 年开始发展超临界机组和超超临界机组（USC），相比国外而言成本已经是较低水平，因此，我国的超临界和超超临界机组的投资成本在未来下降的空间较小，进入成本缓慢下降的区间，取学习率为 11%。IGCC 技术在我国的研究也有十多年，随着 IGCC 技术的发展和示范电站的增加，投资成本也在不断降低，由于我国通过开发 IGCC 系统设计、优化和仿真技术，IGCC 的一些关键技术已经在行业内应用多年，也带动了 IGCC 发电技术投资成本的进一步降低，因此，设置学习率为 12%。太阳能光伏作为新能源，各国一直都在通过扩大规模、提高自动化程度、改进技术水平等措施降低成本，根据以往研究总结，Maycock（2003）和 Barreto 等（1999）认为光伏发电的学习率在 22% 左右。同样，风电作为可再生发电技术，风力发电在我国发展迅速，根据以往的研究（Jamasab，2007），风力发电的学习率为 13%～16%，本书中取 16%。

各发电装机的折旧率根据各发电机使用寿命计算得出。对于电力生产中装机容量、运行维护费用以及燃料消耗，数据结合了 IEA 和 NEA（2009）；2010 年电力统计年报数据一览表；2012 年中国统计年鉴和中国能源统计年鉴，最终通过计算获得。从设备利用效率而言，生物质能与太阳能的利用率较低，分别为 0.05 与 0.1；而核电利用效率最高，达到了 0.77。而从运行维护系数看，也可以发现，油电、风电、太阳能与生物质能使单位电能运行维护成本最高，该系数分别为 0.4、0.45、0.5、0.5。

表 9.8　电力能源技术参数

	学习指数	学习率	初始成本	设备折旧率	设备利用率	O&M 系数	燃料系数 ξ
	b /%	LR /%	B	δ	μ	τ	
PCEL	0.00	0.00	557.14	0.06	0.48	6.2	0.3
USC	11.00	7.90	1626.82	0.06	0.48	2	0.4
IGCC	12.00	8.70	2859.08	0.06	0.48	2	0.46
GAS	7.00	5.00	966.56	0.09	0.32	3.4	0.47
OIL	7.00	5.00	2212.59	0.09	0.21	0.4	0.27
NUCL	9.00	6.40	4352.75	0.06	0.77	1.28	0
WIND	16.00	11.70	4937.25	0.07	0.16	0.45	0
HYDR	1.00	0.70	1748.21	0.05	0.26	2.2	0
SOLR	22.00	16.50	6704.86	0.07	0.1	0.5	0
BIO	20.00	14.90	6756.48	0.07	0.05	0.5	0

9.3.3　化石能源价格参数

化石能源方面，各基础数据，如能源价格、非电力能源消费量和剩余储量，分别来自 GTAP 数据库和《中国能源统计年鉴》。根据《中国能源统计年鉴》的 2002～2010 年矿产基础储量，最小二乘得出剩余储量变动率。χ_f 作为当前的能源开采成本，以及其他交通运输成本、分配成本等，是价格 P_f 的一部分，并假设在模拟期间内始终维持在这一水平，各主要参数如表 9.9 所示。

表 9.9　化石能源主要参数

	参数描述	COAL	OIL	GAS
η	剩余储量变动率	0.001	0.03	0.05
χ	化石能源基础价格	0.96	3.45	2.59
π	成本规模系数	2.29	39.20	20.11
ψ	成本弹性参数	0.70	1.10	0.90
κ	碳排放系数	1.01	0.62	0.75

9.4　情景设定

为研究在不同减排目标和减排政策影响下中国能源结构优化趋势，我们设置了不同的情景方案。基于本章所建立的能源最优组合模型，模拟分析成本最优的能源结构演化路径。首先设置一个基准情景（Basecase），模拟在没有排放目标约束和减排政策情况下的自由演化情景，以此作为与其他情景的对比参照，从而分析减排目标和减排政策对未来经济平稳增长路径，尤其是能源结构演化路径的影响。

与自由排放的基准情景相对应的是减排目标约束情景，在此考虑两种情况：一是终期减排目标（C1），即对最后一期的排放量进行约束，目前各国提出的减排目标均属于终期目标；二是总量减排目标（C2），即对规划期的累积排放总量进行约束，如基于升温目标和公平分配原则计算得到的各国排放配额。最后，与两种减排目标类型各自对应分别设定了不同的减排强度，减排 5%（A）、减排 10%（B）和减排 20%（C）。

在减排政策方面，我们考虑一般的碳税情景，即根据不同能源的碳排放量征收碳税，从而提高高碳含量能源的使用成本，达到能源结构向低碳能源转型的目的。具体来说，我们设定了三种碳税征收和使用方案：一是单一碳税政策（S1），即碳税率在规划期保持不变，同时分别设定了三种不同的税率水平，即 10USD/tC 的低税率情景（S1-A）、20 USD/tC 的中税率情景（S1-B）和 50USD/tC 的高税率情景（S1-C），并假定碳税从 2015 年起征，并维持至 2050 年；二是两阶段碳税政策（S2），即分两个阶段征收碳税，不同阶段碳税税率不同，同样地，碳税从 2015 年起征，并在 2030 年碳税税率提高至之前的两倍；三是碳税返还及新能源补贴政策（S3），基于单一中等税率情景，分别取 20%和 40%的碳税作为补贴资金来源，对各绿色低碳能源技术进行补贴，补贴比例设置两种情景：①对核电及水电比较成熟的非碳发电技术依旧采取补贴政策，但给以补贴份额较少（权重仅为 10%），新能源根据初始发电量占比，给予太阳能发电及生物质能发电更多补贴份额（权重设为 30%），风电补贴比例略少（为 20%）；②不再对核电、水电较为成熟的发电技术给予补贴，只对新能源风电、太阳能、生物质能发电技术设置补贴，并根据新能源初始发电量占比，设置补贴比例为风电 20%，太阳能发电 40%，生物质能发电 40%。具体的情景设置如表 9.10 所示。

表 9.10　情景名称及情景设置

情景名称	情景含义
Basecase	基准情景：无约束自由排放情景
C1-A	终期减排：2050 年比 2010 年减排 5%
C1-B	终期减排：2050 年比 2010 年减排 10%
C1-C	终期减排：2050 年比 2010 年减排 20%
C2-A	总量减排：累积排放比基准情景减少 5%
C2-B	总量减排：累积排放比基准情景减少 10%
C2-C	总量减排：累积排放比基准情景减少 20%
S1-A	单阶段碳税 2015～2050 年，低税率政策（10$/tC）
S1-B	单阶段碳税 2015～2050 年，中税率政策（20$/tC）
S1-C	单阶段碳税 2015～2050 年，高税率政策（50$/tC）

情景名称	情景含义
S2-A	两阶段碳税、低税率政策（2030 年之前为 10\$/tC，2030 年之后为 20\$/tC）
S2-B	两阶段碳税、中税率政策（2030 年之前为 20\$/tC，2030 年之后为 40\$/tC）
S2-C	两阶段碳税、高税率政策（2030 年之前为 50\$/tC，2030 年之后为 100\$/tC）
S3-A	中等税率，20%用于新能源补贴，补贴比例（NUCL：HYDR：WIND：SOLR：BIO）1：1：2：3：3
S3-B	中等税率，20%用于新能源补贴，补贴比例（WIND：SOLR：BIO）1：2：2
S3-C	中等税率，40%用于新能源补贴，补贴比例（NUCL：HYDR：WIND：SOLR：BIO）1：1：2：3：3
S3-D	中等税率，40%用于新能源补贴，补贴比例（WIND：SOLR：BIO）1：2：2

第 10 章　减排目标情景能源结构演化模拟

以满足经济平稳增长路径下的能源需求（见第 2 章）为基本保障，本章从能源供给角度，利用第 9 章给出的能源最优组合模型，模拟基准与减排目标情景下使能源供给总成本最小的能源系统演化路径，包括各能源技术未来发展、能源价格走势以及能源结构演化等。

第 9 章介绍的能源最优组合模型同样是包含状态方程、约束条件和优化目标的最优控制模型，因此，模型的模拟求解同样借助于 GAMS 平台（具体代码见章后附录）。由于数据与参数估计均基于 2009 年，因此，模拟的初始年份也设定为 2009 年，模拟规划期为 2009～2050 年。利用 GAMS 平台内嵌的 CONOPT 算法对模型进行求解，接下来对模拟结果进行简要的分析。读者从中可以看出，该模型可以给出哪些有意义的结果和结论。

10.1　基　准　情　景

在没有减排目标约束和减排政策干预下，我们模拟得到了基准情景下能源供给成本最小的能源系统演化趋势。从中可以分析出不同能源品种、能源技术未来的自然演化趋势。

10.1.1　化石能源结构

基准情景下，化石能源在总能源供给中仍然占有较高的比重。表 10.1 给出了 2010～2050 年化石能源的使用情况与结构变动。

表 10.1　基准情景下化石能源使用与结构演化趋势

化石能源 能源技术	2010 年		2020		2030		2040		2050	
	消费量 /Mtoe	占比 /%	消费量 /Mtoe	占比 /%	消费量 /Mtoe	占比 /%	消费量 /Mtoe	占比 /%	消费量 /Mtoe	占比 /%
煤炭	1091	47.3	1664	48.4	2004	49.5	1847	47.8	1328	48.4
石油	81	3.5	130	3.8	169	4.2	169	4.4	130	4.8
天然气	321	13.9	482	14.0	590	14.6	568	14.7	436	15.9
煤电	726	31.4	1046	30.4	1156	28.5	1145	29.6	764	27.8
USC	50	2.2	70	2.0	78	1.9	77	2.0	51	1.9
IGCC	20	0.8	27	0.8	30	0.7	30	0.8	19	0.7
油电	5	0.2	4	0.1	5	0.1	5	0.1	4	0.1
气电	14	0.6	16	0.5	19	0.5	20	0.5	13	0.5
总量	2308	100.0	3439	100.0	4051	100.0	3861	100.0	2745	100.0

　　由表 10.1 可以发现，在自由排放情况下，仅从能源成本角度考虑，煤炭在化石能源中的占比还将一直占据主导地位，其占比在所有化石能源供给中始终维持在 78%以上。从时间趋势来看，煤炭比重将呈下降趋势，即从 2010 年的 81.7%下降至 2050 年的 78.8%，其原因主要是煤炭在中国储量相对丰富，而石油和天然气相对稀缺，造成煤炭价格比石油和天然气低廉。

　　从绝对消费量来看，煤炭与总能源需求量的趋势基本一致，呈现先上升后下降的趋势。非电力能源消费中的煤炭消费高峰发生在 2032 年，其峰值为 2010Mtoe。电力能源中燃煤发电技术对煤炭的燃料消耗峰值发生在 2035 年。此外，非电力能源中石油与天然气对于煤炭的替代作用要早于电力能源中其他电力技术对于煤电技术的替代作用。相对而言，非电力能源中的石油与天然气消费量虽然也呈现先上升后下降的倒 U 型曲线趋势，但其峰值分别发生在 2034 年及 2035 年，峰值分别为 598Mtoe、175Mtoe；而其在非电力能源消费中的占比却在持续增加。而在电力能源中，燃油与燃气发电技术对石油和天然气的燃料需求量也呈倒 U 型的趋势，但两者的占比基本保持不变，石油占比由 2010 年 0.2%下降至 2050 年的 0.1%，天然气占比由 2010 年的 0.6%下降至 0.5%，占比均维持在较低水平。与此同时，我们也可以发现，各化石能源主要以非电力的直接消费为主，作为火力发电的燃料投入仅占总消费量的较小比例，尤其是对于石油与天然气来说，其占比仅为 6%和 4%，且这一比例将进一步降低。

10.1.2　电力能源结构

　　相应地，模拟得到的电力技术演化趋势如表 10.2 所示。

表 10.2　无碳排放约束下的电力结构演化趋势

电力技术	2010 年		2020		2030		2040		2050	
	发电量/(亿 kW·h)	占比/%	发电量/(亿 kW·h)	占比/%	发电量/(亿 kW·h)	占比/%	发电量/(亿 kW·h)	占比/%	发电量/(亿 kW·h)	占比/%
煤电	25314	69.7	36477	72.9	40316	65.6	39934	70.3	26639	71.9
USC	2343	6.4	3261	6.5	3627	5.9	3601	6.3	2386	6.4
IGCC	1041	2.9	1440	2.9	1613	2.6	1606	2.8	1035	2.8
油电	160	0.4	138	0.3	155	0.3	159	0.3	108	0.3
气电	785	2.2	891	1.8	1026	1.7	1072	1.9	717	1.9
核电	773	2.1	1248	2.5	2341	3.8	2969	5.2	1668	4.5
风电	408	1.1	189	0.4	88	0.1	55	0.1	55	0.1
水电	5491	15.1	6384	12.8	12267	20.0	7397	13.0	4429	12.0
光电	3	0.0	1	0.0	1	0.0	1	0.0	1	0.0
生物质发电	23	0.1	11	0.0	5	0.0	5	0.0	5	0.0
总量	36341	100.0	50040	100.0	61439	100.0	56799	100.0	37043	100.0

　　从表 10.2 所示的结果可以看出，基准情况下传统的燃煤发电技术和水电技术是电力的主要来源，其次是以煤为燃料的新型 IGCC 和 USC 技术。燃气发电、核电与风电技术位列第二梯队，其他发电技术，如燃油发电，以及生物质和光电所提供的电能十分有限。对于可再生能源，考虑到资源的有限性和可承载性，其可以利用的发电量有限，因此，需要对其分别设定装机容量上限：根据国家发展和改革委员会《可再生能源中长期发展规划》，全国水能资源技术可开发装机容量为 5.4 亿 kW，生物质资源转换为能源的潜力为 10 亿 tce，全国陆地可利用风能资源 3 亿 kW，近岸海域可利用风能资源 7 亿 kW，共计 10 亿 kW。

　　模拟结果还显示，电力能源趋势同总能源趋势一致，呈现倒 U 型的 EKC 曲线。电力能源供给高峰发生在 2032 年，峰值为 61648 亿 kW·h。其中 PC、USC、IGCC 三种发电技术发电量轨迹趋同，倒 U 型曲线较为平缓，其发电量峰值均发生在 2035 年，峰值分别为 41879 亿 kW·h、3722 亿 kw·h 以及 1680 亿 kW·h。而对于燃油和燃气发电技术来说，在成本最优的条件下，其高峰都发生在 2035 年，峰值分别为 1093 亿 kW·h 和 163 亿 kW·h。

　　模拟发现，水电将以较快的速度增长，并在 2030 年达到峰值（12267 亿 kW·h），而后随着能源需求量的减少，以及其他发电技术的替代作用，呈现较快速度的下降，并在 2050 年回落至 4428 亿 kW·h。相似地，核电也呈现出较快增长，并在 2038 年达到峰值（3207 亿 kW·h），并最终回落至 2050 年的 1668 亿 kW·h。而对于新能源技术，诸如风电、太阳能发电以及生物质能发电，在成本最优的控制目标下，发电量总体呈现下降趋势。可见，在成本最小的驱动下，新能源技术难以得到发展。

10.1.3　能源成本变化

　　能源的成本是随能源供给量而发生变化的。根据模型设定，化石能源的成本，即开采费用与累积开采量成正比，与剩余储量成反比；电力技术受学习率的影响，学习率越高，成本下降越快，同时与对某种电力技术的投资也有关系：投资越多，相应地，该技术越趋于成熟，成本下降的趋势越明显。图 10.1 和图 10.2 显示了与基准情景能源系统演变相对应的化石能源成本与电力技术成本的变动趋势。

　　从图 10.1 中可以看出，我国煤炭价格低于天然气价格，天然气价格低于石油价格。正是由于化石能源的价格差异，导致了各化石能源的消费量的不同。从变化趋势来看，各能源品种短期内价格仍将继续上涨。其中，煤炭价格上涨趋势较为缓慢，主要是由于我国煤炭资源储量相对较为丰富。石油价格增长趋势最为明显，反映了石油需求量与可供给量之间存在的巨大缺口和供需矛盾。随着能源消费总需求开始回落，各化石能源需求量也开始出现下降的趋势，与此同时，随着探明储量的持续增加，到了后期，化石能源价格逐渐趋于稳定，甚至还有小幅回调。这说明，化石能源价格影响着能源供给结构的选择，反过来能源供给也影响着能源价格。不同化石能源之间的价格差异也反映出相应能源资源的稀缺程度。

　　影响电力供给价格的因素主要有装机投资、运行维护费用和燃料成本。其中后两者主要取决于发电量的多少，其单位成本基本保持稳定。但是装机投资则不同，其单位装机成本由于受到学习效应的影响，会随着累积装机的增加而不断降低。为此，下面我们将围绕不同发电技术的单位装机成本变化趋势进行分析（图10.2）。

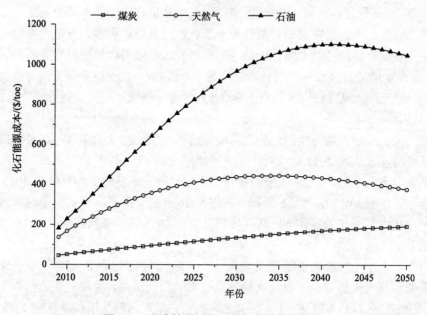

图10.1　基准情景下化石能源价格变动趋势

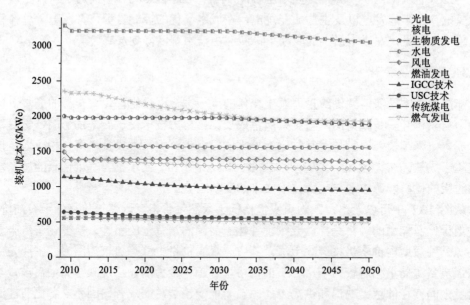

图10.2　基准情景下发电技术装机成本变化趋势

　　从图10.2中可以发现，受学习效应与历年装机投资决策的影响，除传统燃煤发电技术之外的其他发电技术的装机成本都呈下降趋势。到2050年，USC和IGCC作为清洁燃煤技术，其成本将分别降至545USD/kWe和958USD/kWe，比2010年分别下降15%和16%。此外，燃气与燃油发电技术的装机成本将分别下降11%和9%；核电技术装机成本将下降 17.6%，降至 1942USD/kWe。

相比而言，水电由于资源的限制，其装机成本下降幅度较小，2050 年仅比 2010 年下降约 1%。可再生能源中的风电、太阳能发电以及生物质能的装机成本下降趋势均不明显，到 2050 年，其装机成本分别为 2010 年的 91.3%、93%和 94.3%。由此可见，虽然新能源技术拥有较高的学习率以及较大的成本下降空间，但在没有减排目标约束和减排政策激励下，新能源技术因成本较高得不到有效发展，学习效应未能充分发挥，在成本最小化原则下，对新能源技术的投资有限，使得新能源技术的成本仅有很小的下降幅度。

10.1.4 碳排放趋势

化石能源消费必然伴随着 CO_2 的产生，在基准情景中模拟得到的碳排放量趋势如图 10.3 所示。

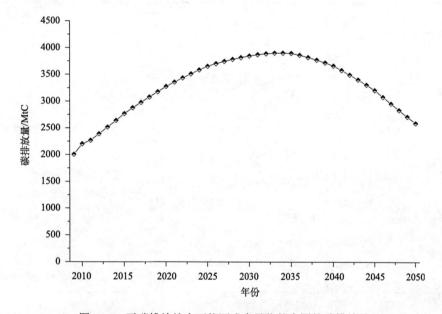

图 10.3 无碳排放约束下能源成本最优的中国的碳排放量

从图 10.3 中可以发现，由于不考虑减排，在成本最小为唯一考虑要素的情况下，我国 2010～2050 年所产生的碳排放总量约为 138GtC，相比 500ppm 浓度目标下以人均排放权均等为原则，中国 2008～2050 年所获得的配额要高出很多（表 5-1）。此时，碳排放高峰发生在 2034 年，峰值为 3903MtC，约为 2010 年的 1.8 倍。到 2050 年，随着能源需求的减少，碳排放量也将减少至 2592MtC，但仍要比 2010 年的碳排放量高，约为 2010 年的 1.2 倍。

10.2 终期减排目标情景

为了模拟终期减排目标约束下能源系统的演变趋势，我们需要在模型中引入以下不等式约束：

$$M(T) \leqslant M_{tar} \tag{10.1}$$

式中，M_{tar} 为模拟终期——2050 年的排放目标。根据情景要求，将其分别设定为在 2010 年排放量基础上减排 5%（情景 C1-A）、10%（情景 C1-B）与 20%（情景 C1-C）。由此得到减排目标下未来能源系统的演化趋势。

10.2.1　化石能源结构

当对终期碳排放进行控制时，将对产生碳排放的各种化石能源使用产生影响，为此，化石能源消费结构将发生相应变化，模拟结果分别如表 10.3 和图 10.4 所示。

表 10.3　终期减排目标下化石能源消费趋势　　　（单位：Mtoe）

情景	年份	煤炭	石油	天然气	传统煤电	USC技术	IGCC技术	油电	气电	总量
Basecase	2020	1663.6	481.9	129.9	1045.5	70.1	26.9	4.4	16.2	3438.5
	2030	2003.8	590.0	169.0	1155.5	78.0	30.1	5.0	18.7	4050.1
	2040	1847.0	568.3	169.1	1144.5	77.4	30.0	5.1	19.6	3860.9
	2050	1327.8	435.5	130.4	763.5	51.3	19.3	3.5	13.1	2744.3
C1-A	2020	1665.8	481.5	129.9	1049.1	70.3	27.0	4.4	16.3	3444.3
	2030	2007.6	589.4	169.0	1160.0	78.2	30.2	5.0	18.7	4058.0
	2040	1872.0	572.3	170.8	911.6	62.1	24.2	4.3	16.3	3633.6
	2050	1041.9	530.6	115.3	512.3	34.9	13.6	2.9	9.8	2261.3
C1-B	2020	1666.7	481.4	129.9	1050.9	70.4	27.0	4.4	16.3	3447.0
	2030	2009.3	589.1	169.0	1164.2	78.4	30.3	5.0	18.8	4064.1
	2040	1912.0	582.5	174.2	793.9	54.2	21.3	4.0	15.3	3557.4
	2050	1007.0	532.8	111.0	446.2	30.5	12.0	2.5	8.2	2150.2
C1-C	2020	1671.5	480.5	130.0	1060.6	71.0	27.2	4.5	16.4	3461.7
	2030	2072.9	602.3	173.5	944.0	64.7	25.6	4.5	17.1	3904.6
	2040	1994.9	601.1	180.8	530.5	36.4	14.4	3.0	11.6	3372.7
	2050	961.8	525.4	105.1	298.1	20.4	8.1	1.5	4.9	1925.6

从表 10.3 中可以看出，实行终期减排目标控制后，化石能源消费总量较基准情景呈现两个显著特征：一是短期内略有增加，二是到后期大幅下降。随着减排目标从 5% 提高到 20%，这一趋势更为明显。具体而言，在 5%、10% 和 20% 终期减排目标下，到 2020 年，化石能源总量分别上升至 3444.3Mtoe、3447.1Mtoe 和 3461.7Mtoe，比基准情景分别增加 5.8Mtoe、8.6 Mtoe 和 23.2Mtoe。同时，化石能源供给高峰也略有提前，以 20% 终期减排目标为例，将由基准情景的 2034 年的 4109Mtoe 提前至 2030 年的 3904Mtoe，峰值明显下降，到 2050 年，随着终期减排力度的加大，化石能源总供给量出现明显减少的迹象。

结合表 10.3 和图 10.4 可以看出，煤炭、石油和天然气作为一次能源的使用量在化石能源供给总量中占据较大份额。从绝对量来看，各种用途化石能源使用均随总能源供给呈先增后降的趋势。在各种减排目标下，除作为一次能源使用的石油以外，其余化石能源在终期的供给量均低于 2020 年。从结构上来看，随着减排力度的加大，直接使用的化石能源比例将继续显著提升，反映出对化石能源的惯性依赖程度较高，而在电力能源中由于存在多种电力生产技术，可以有效地对火力发电进行替代。因此，用于电力能源燃料消耗的化石能源在高减排目标情景中得以大幅降低。到 2050 年，三种终期减排目标情景下一次能源使用的化石能源比例将达到 70%以上，在 C1-C 情景中甚至超出 80%。与基准情景中的不足 70%形成鲜明对比。

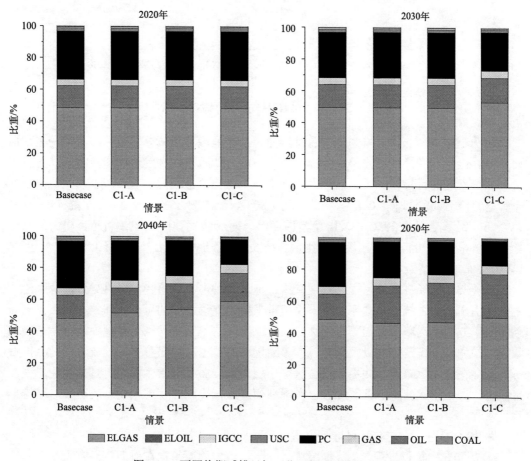

图 10.4　不同终期减排目标下化石能源结构演化趋势

10.2.2　电力能源结构

由于电力能源及非电力能源间替代作用的存在，要保证能源供需平衡并实现减排目标，电力能源在很大的程度上发挥着替代化石能源（非电力供给）的作用。图 10.5 给出了不同减排目标下电力能源总供给趋势。

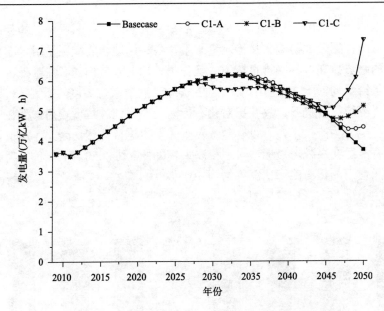

图 10.5　不同终期减排目标下电力能源总供给曲线

　　由图 10.5 可以发现，电力能源总供给曲线总体呈现与能源总需求曲线类似的先增后降走势。但是，受终期减排控制目标的约束，电力能源在期末发展快速，与基准情景不同，各终期减排目标情景下，后期发电量出现再次上升的现象。在终期减排 5%的目标下，电力能源供给量在 2048 年反弹，从 4.37 万亿 kW·h 上升至 2050 年的 4.45 万亿 kW·h，比基准情景 2050 年发电量增加 20%。对于终期减排 20%的目标，电力能源供给量将更早，从 2044 年便出现反弹现象，从 5.2 万亿 kW·h 上升至 2050 年的 7.36 万亿 kW·h，比基准情景增加近一倍。

　　从现实能源经济系统考虑，终期减排目标下这种电力供给趋势必将导致能源供给不稳定，由于电力系统的反弹突变，不仅会带来电力建设方面的可行性问题，同时还意味着在效率方面存在着很大的不合理性。之所以出现这一结果，除了模型中没有考虑装机设备建设周期、投资来源以及闲置成本等因素以外，也反映出将终期排放量作为减排目标本身存在的先天缺陷，即由于没有从整个规划期全面考虑减排问题，减排往往出现前轻后重，突击完成减排任务的现象：在规划初期放任排放，在规划期末突击应对减排目标。

　　图 10.6 给出了终期减排目标下电力能源结构的演变特征。

　　从图 10.6 中可以发现，各终期减排目标下的电力能源结构在前期并没有表现出与基准情景存在很大的差异，表现为到 2020 年，甚至 2030 年各情景之间的电力能源结构基本相似。但到了后期，随着减排目标任务年的临近，减排努力开始加大，各情景之间的差异逐渐增大。

　　终期减排目标的设定，最显著的表现是带来传统煤电技术在电力供给中的占比大幅下降。由于我国火力发电一直占据较高的比重，相应地导致大量 CO_2 的排放，因此，减排目标一旦设定，必然倒逼以化石能源为燃料的电力技术市场的萎缩。而火力发电技术

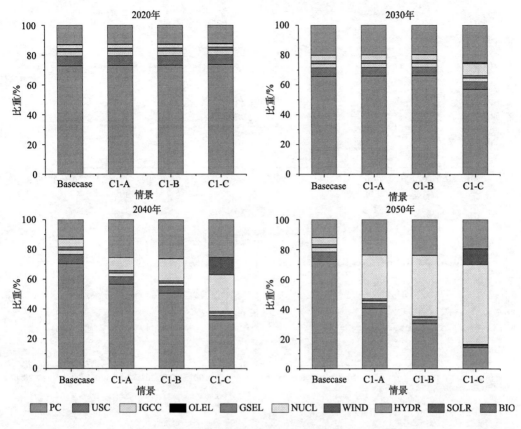

图 10.6　不同终期减排目标下电力能源结构演化趋势

的萎缩需要其他新能源电力的大力发展来替代传统电力供给市场，满足社会对电力的需求。从图 10.6 来看，水电、核电以及风电对于替代传统火力发电技术起着至关重要的作用。从优先级来看，水电最高，核电其次，风电最低。但由于水电存在可利用水资源有限的束缚，随着减排目标的加大，水电不足以弥补火电下降的电力市场空缺，电力能源将更多地依赖核电技术提供。模拟结果显示，在终期减排 5%时，水电将于 2038 年达到装机容量上限，减排 20%时提前至 2029 年达到装机容量上限。而核电未来的扩张趋势随减排目标的提高而渐趋显著，在终期减排 20%的目标下，核电占比在 2040 年将达到24.6%，到 2050 年达 53.4%。风力发电仅在减排 20%的目标下得以大力发展，其占比在2040 年和 2050 年均达到 10%以上。可见，当减排目标较低时，风力发电的成本优势并没有得到发挥，电力市场将以成熟的水电与核电为主,对高碳的火力发电技术进行替代。同样地,太阳能发电及生物质能发电由于成本较高,在所有情景中均没有得到较快发展。

10.2.3　能源成本变化

在终期减排目标下，化石能源成本的演化趋势与基准情景大致相同，仅在变动幅度上与基准情景略有差别。图 10.7 给出了基准情景化石能源价格变动趋势以及三种减排目标情景下化石能源价格相对基准情景的变动率。

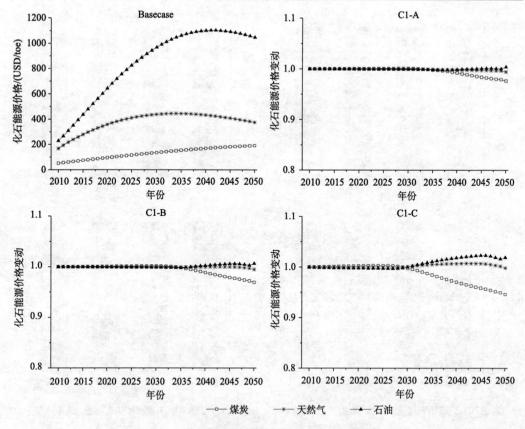

图 10.7　不同终期减排目标下化石能源价格变动趋势

从图 10.7 中可以看出，基准情景及各终期减排目标情景下，化石能源价格总体上均呈现增长趋势。与基准情景的化石能源价格相比，终期减排目标下各化石能源的价格变化在前期并不十分明显。到了后期，减排目标下的能源价格与基准情景将出现分化。其中，煤炭价格较基准情景出现下跌趋势，而石油与天然气价格将略高于基准情景。反映出减排目标约束下煤炭需求降低，石油和天然气需要相应提高，替代了对化石能源的部分需求。此外，随着减排目标的提高，化石能源价格出现分化的时点有所提前，相对基准情景的变化幅度也呈递增的趋势。

另外，模拟发现终期减排目标情景下，传统燃煤发电技术（PCEL）、光伏发电（SOLR）和生物质能发电（BIO）技术的装机成本变化趋势与基准情景完全一致。其他电力能源技术在终期减排目标下的装机成本变化趋势如图 10.8 所示。

其中，传统燃煤发电技术由于技术较为成熟，模型中设定其学习率为零，由此导致其装机成本不会随累积投资发生变化。此外，终期减排目标并没有促进光伏发电技术和生物质能发电技术的发展，因此，其装机投资路径与基准情景一致，导致其装机成本也没有比基准情景出现更显著的降低。

模拟发现，在终期减排目标情景中，火力发电的装机投资减少，由此带来各减排情景中火力发电技术（USC 技术、IGCC 技术、燃气发电和燃油发电）的装机成本下降率相比基准情景出现不同程度的降低（图 10.8）。以终期减排 20%为例，到 2050 年 USC 的装机成本降至 562USD/kWe，比基准情景下的 545 \$/kWe 高出 3 个百分点；IGCC 技术装机成本将增加 12%，燃气发电技术装机成本增加 2.3%，燃油发电技术装机成本增加 2%。

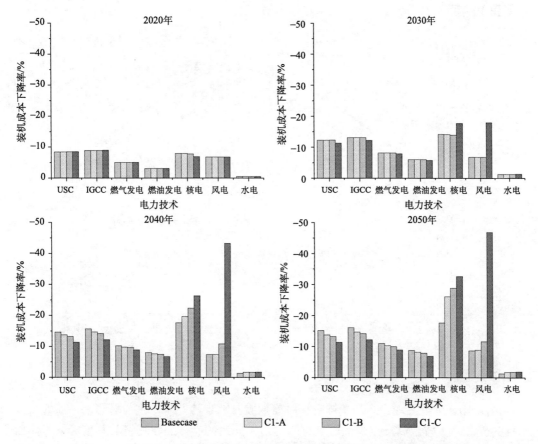

图 10.8　不同终期减排目标下电力技术装机成本变动趋势

　　而对于核电、风电、水电这三种无碳发电技术，装机成本在减排目标情景中均出现大幅下降趋势。其中，核电与风电技术的装机成本下降趋势最为明显，终期减排 5%时，2050 年核电技术装机成本比 2009 年降低 17.6%，终期减排 20%时，装机成本比 2009 年降低 32.7%；风电技术装机成本的下降幅度更为显著，在终期减排 5%的目标下，风电技术的装机成本到 2050 年将比 2009 年降低 8.8%，当减排目标提高到 20%时，其装机成本将比 2009 年减少 46.9%。由此说明，随着减排目标的加大，核电与水电等无碳发电技术不足以替代火力发电，必须加大风电技术的使用，从而带来风电技术装机成本的大幅下降。对于水电技术来说，由于其装机容量已接近可利用的水资源量，进一步的投资空间有限，使得其装机成本下降潜力也有限。即便在减排 20%的目标下，到 2050 年其装机成本仅比 2009 年降低 1.9%，与基准情景降低 1.3%相差无几。综上所述可以发现，在成本最优的目标下，终期减排目标主要依赖于核电、水电及风电的发展，而清洁燃煤发电技术和光伏发电、生物质能发电等新能源技术由于成本较高，未能得以发展。

10.2.4　碳排放趋势

在终期减排目标约束和能源结构发生相应调整的共同作用下，中国未来碳排放的轨迹如图 10.9 所示。

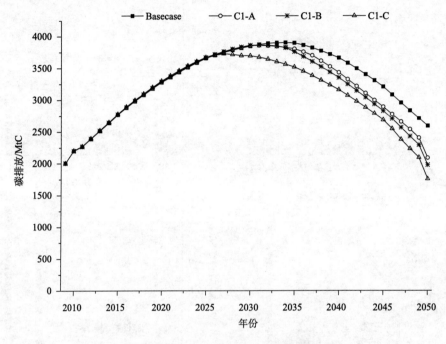

图 10.9　不同终期减排目标下未来碳排放趋势

由图 10.9 可以发现，终期减排目标对前期碳排放走势并未产生显著影响，随着减排目标的提高，碳排放高峰出现的时点有所提前，此后的碳排放路径将与基准情景开始出现分化。终期减排 5%和 10%的目标下，碳排放高峰均提前至 2031 年出现，峰值分别为 3858MtC 和 3865MtC；当终期减排 20%时，碳排放高峰将提前至 2027 年，对应的峰值排放量为 3728MtC。由此可见，终期减排目标的约束对于碳高峰的提前起到一定的促进作用，且使高峰排放量有效降低。

尽管终期减排目标仅对排放轨迹的后半段产生影响，由于其对排放高峰有提前效应，2010～2050 年期间的累积碳排放总量也将相应减少，从减排 5%的 134GtC 减少至减排 20%的 128.5GtC。减排量随终期减排目标的提高而增加，但是减排总量并不明显，终期减排 20%时，比基准情景仅减少 9.6GtC，不到累积排放总量的 7%。

相应地，减排目标下的能源供给总成本会相应增加，终期减排 5%时，总能源成本由不减排时的 13.9 万亿美元上升至 14.0 万亿美元。终期减排 20%时，总能源成本则上升至 14.5 万亿美元。可以发现总能源成本的上升幅度随减排率的增加而上升，但总的来说，能源供给总成本并没有显著增加。

10.3 总量减排目标情景

从上节的模拟结果可以发现，以终期目标为约束指标，会出现后期突击完成减排目标的现象，而这样的终期减排目标势必会导致能源供给不稳定。而且从根本上来讲，由于仅对最后一期的排放量进行约束，其他各期的排放量仍是没有限制的，因此对控制 CO_2 大气浓度以及减缓气候变化无法产生有效作用。为此，本节以累积碳排放总量作为控制目标，模拟研究总量控制下能源系统将呈现怎样的发展趋势。同样地，需要在模型中引入排放总量约束不等式：

$$\bar{M}(T) \leqslant \bar{M}_{\text{tar}} \tag{10.2}$$

$\bar{M}_{\text{tar}}$ 分别取 131GtC、124GtC 和 110GtC，相当于在基准情景碳排放总量（138GtC）基础上分别减排 5%（情景 C2-A）、10%（情景 C2-B）、20%（情景 C2-C）。

10.3.1 化石能源结构

在总量减排目标约束下，各化石能源供给量及供给结构的演化趋势分别如表 10.4 和图 10.10 所示。

表 10.4 总量减排目标下化石能源消费趋势 （单位：Mtoe）

情景	年份	煤炭	石油	天然气	传统煤电	USC 技术	IGCC 技术	油电	气电	总量
Basecase	2020	1663.6	481.9	129.9	1045.5	70.1	26.9	4.4	16.2	3438.5
	2030	2003.8	590.0	169.0	1155.5	78.0	30.1	5.0	18.7	4050.1
	2040	1847.0	568.3	169.1	1144.5	77.4	30.0	5.1	19.6	3861.0
	2050	1327.8	435.5	130.4	763.5	51.3	19.3	3.5	13.1	2744.4
C2-A	2020	1631.7	486.2	131.0	956.0	64.3	24.8	4.1	15.2	3313.3
	2030	1953.3	598.6	170.6	1073.7	72.7	28.3	4.8	17.9	3919.9
	2040	1781.7	581.5	170.5	946.4	64.3	25.2	4.4	16.9	3590.9
	2050	1257.4	452.4	130.2	640.5	43.3	16.6	3.1	11.5	2555.0
C2-B	2020	1577.4	495.0	133.0	819.0	55.5	21.6	3.7	13.5	3119.2
	2030	1878.1	615.5	173.4	1005.0	68.5	26.9	4.7	17.6	3789.7
	2040	1701.6	605.3	172.4	817.8	56.0	22.2	4.1	15.5	3394.9
	2050	1190.0	476.0	128.9	491.3	33.5	13.0	2.6	9.5	2344.8
C2-C	2020	1474.0	521.7	138.0	696.3	47.7	18.9	3.5	12.7	2912.8
	2030	1747.5	655.8	178.0	682.2	46.9	18.7	3.6	13.3	3346.0
	2040	1596.0	657.1	173.9	448.6	31.0	12.4	2.7	9.7	2931.4
	2050	1098.4	505.6	122.7	252.1	17.4	7.0	1.4	5.1	2009.7

从表 10.4 中可以发现，各化石能源供给量与能源总需求量的倒 U 型走势基本一致，呈先增后降的特征。与终期减排目标情景下的化石能源供给趋势（表 10.3）不同，总量减排目标下各化石能源供给量均与基准情景呈现同步下降的趋势，即各期供给量均在基准情景的基础上降低一定比例，而不同于终期减排目标情景中的前期较基准情景增加，后期较基准情景大幅下降。可见，总量减排目标的实现是统筹考虑整个规划期的减排结果。以总量减排 20%的目标为例，化石能源总量到 2020 年下降至 2912.7Mtoe，比基准情景减少 15%；到 2030 年降至 3346.2Mtoe，比基准情景下降 17.4%；到 2040 年降至 2931.3Mtoe，比基准情景降低 24.1%；到 2050 年下降至 2009.7Mtoe，比基准情景降低 26.8%。每期的化石能源供给总量均在下降，且下降幅度存在一个渐进的过程。

由于总量减排目标的约束，化石能源消费高峰将由基准情景的 2034 年（4109Mtoe）提前至 2031 年（3348Mtoe）。在总量减排 20%的目标下，煤炭高峰将比基准情景提前 1 年出现。以煤炭作为燃料的燃煤发电所需的煤炭使用量将提前至 2024 年达到高峰，由此带动整个化石能源使用高峰的提前。总体而言，化石能源在总量减排目标的约束下，各期使用量均低于基准情景，而这部分能源供给的减少将由电力能源供给增加来实现能源供需平衡。

伴随着化石能源总量的下降，化石能源中一次能源使用量的比重呈不断提高的趋势（图 10.10），这与终期减排目标下的表现一致。反映出电力能源中低碳和无碳电力技术

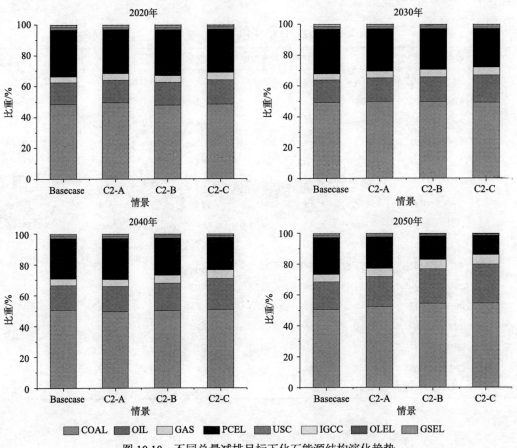

图 10.10 不同总量减排目标下化石能源结构演化趋势

对火力发电技术的替代程度较高，而化石能源直接使用由于没有其他可替代的能源，因此，这部分的化石能源需求降低较为缓慢。

具体而言，随着总量减排目标的提高，一次能源使用中煤炭的占比基本保持不变，略有增加（1.6~4 个百分点）；石油的比重有明显的提高（2~7 个百分点）。与之对应的是传统燃煤发电技术对煤炭燃料的消耗显著降低，其所消耗的煤炭能源占比到 2050 年较基准情景（23.9%）分别降低 3.6 个百分点、8.6 个百分点和 11.4 个百分点。其他用途化石能源由于本身在化石能源消费总量中的比重就很低，因此，其变动较不明显。

10.3.2　电力能源结构

由于电力能源与非电力能源间替代作用的存在，要保证能源供需均衡并完成减排目标，电力能源在很大的程度上发挥着替代化石能源的作用。图 10.11 和图 10.12 分别给出了总量减排目标下电力能源总供给路径和各电力技术的发展演变趋势。

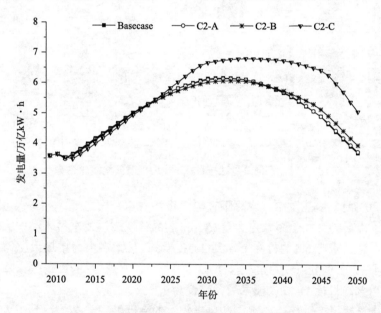

图 10.11　不同总量减排目标下电力能源总供给曲线

与终期减排目标情景不同，总量减排目标下随减排力度加大，电力能源供给量逐渐增加：减排 5% 时，电力高峰为 2033 年的 6.1 万亿 kW·h；减排 20%，电力高峰为 2035 年的 6.8 万亿 kW·h。而且，电力能源供给量逐渐缓慢增加，不会出现终期目标那种翘尾反弹现象，从而避免了能源供给不稳定及突击完成任务的情况发生。

由图 10.12 得到的电力能源结构演化趋势可以发现，与终期减排不同，总量减排约束下各电力技术的比重从早期便开始偏离基准情景，向无碳和低碳的新能源方向转变。从时间序列来看，在总量减排约束下，水电最先得到发展，替代传统燃煤发电技术退出带来的电力市场缺口。随后，水电开发利用在近乎达到可利用的资源上限后，核能技术开始得到发展，弥补燃煤发电技术进一步淘汰带来的电力供给紧张。当总量减排目标进

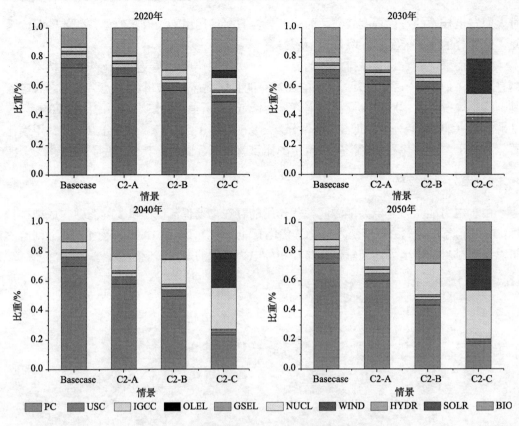

图 10.12　不同总量减排目标下电力能源结构演化趋势

一步提高到 20%时，风能发电技术逐渐在电力市场占据一席之地，并与水电和核电并列成为电力供给市场的支柱。而导致大量 CO_2 排放的传统燃煤发电技术在电力供给中的比重大幅下降：总量减排 5%的目标下，到 2050 年 PC 技术在电力市场占比为 60%，比基准情景降低了 12 个百分点；总量减排 10%的情景下，PC 技术的市场占比降至 43%；而在总量减排 20%的目标下，PC 技术的比重仅为 17%。

总量减排目标下，以核电、水电和风电为主的新能源发电技术得到了大力发展。减排 5%目标下，核电占比到 2050 年比基准情景提高近 5 个百分点，水电比重提高 10 个百分点左右；减排 10%目标下，核电与水电的比重均提高 16 个百分点左右；当减排目标提高到 20%时，核电和水电的比重分别提高 19 个百分点和 14 个百分点，同时风电的比重也将提高 21 个百分点之多。总量减排目标下，不仅传统燃煤、燃油和燃气发电技术的比重逐渐降低，USC 和 IGCC 等高效的火力发电技术的发展也将受到制约。同样地，光伏发电与生物质能发电技术由于较高的成本并没有得到发展。

10.3.3　能源成本变化

而总量减排目标下，化石能源成本相对基准情景发生了较大变化。基准情景化石能源价格与减排目标情景相对基准情景的变动情况如图 10.13 所示。

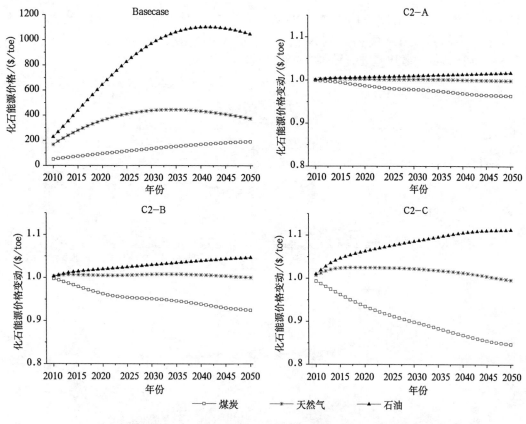

图 10.13　不同总量减排目标下化石能源价格变动趋势

从图 10.13 中可以看出，在总量减排目标下，排放系数较大的煤炭随着能源使用的减少，未来价格相对于基准情景出现大幅下降，同时随着减排目标的提高，其降幅也越来越大。总量减排 5%时，煤炭价格到 2050 年比基准情景下降 3.7%，而在总量减排 20%时，煤炭价格比基准情景将降低 15.3%。相反，在非电力能源中作为煤炭的主要替代品——石油，其价格在总量减排目标下将高于基准情景。到 2050 年，总量减排 5%时的石油价格比基准情景上涨 1.6%，总量减排 20%时，石油价格比基准情景提高 11.2%。而天然气价格的变动趋势则与基准情景基本保持一致。

与终期减排目标情景相比，总量减排目标下各化石能源价格将从模拟期初便逐渐与基准情景下的价格脱离，而不是到模拟期末才发生偏离。反映出化石能源供给总量的调整是一个长期的过程。

另外，电力能源技术的装机成本也发生了相应变化。除了传统燃煤发电技术（PCEL）、光伏发电（SOLR）和生物质能发电（BIO）技术的装机成本变化趋势与终期减排情景一致以外，其他电力能源各技术的装机成本演化趋势如图 10.14 所示。

模拟发现，减排压力促使各火力发电技术的投资减少，致使学习效率下降，相应的装机成本相对基准情景的下降幅度而略有减少，即 USC、IGCC 和燃油、燃气发电技术的装机成本下降趋势更为平缓。总量减排 20%目标下，到 2050 年 USC 的装机成本降至

586USD/kWe，比基准情景下的 545USD/kWe 高出 5 个百分点；同样地，IGCC 装机成本比基准情景高 7 个百分点；燃气发电技术的装机成本比基准情景高 3.3 个百分点；燃油发电技术的装机成本比基准情景高 3 个百分点。

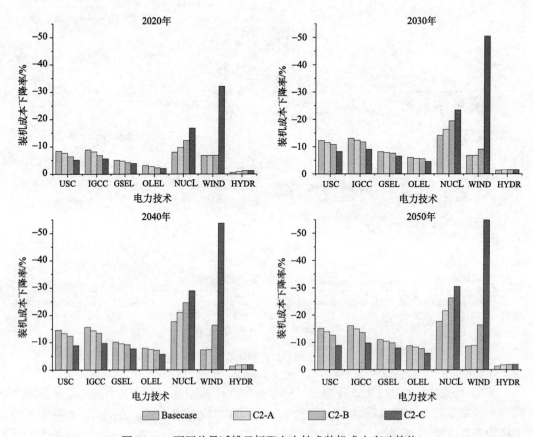

图 10.14　不同总量减排目标下电力技术装机成本变动趋势

　　然而，对于核电、风电和水电等新能源发电技术而言，其装机成本均将出现下降的趋势。其中尤以核电和风电的成本最为明显。总量减排 20% 的目标下，2050 年核电装机成本比基准情景下降 15.5%，相比 2010 年将下降 30.5%。风力发电得到更为快速的发展，装机成本要比基准情景下降 50%，相比 2010 年将下降 45.2%，是发展最快的可再生能源。不过由于水电技术的初始成本就较低，因此下降空间有限，到 2050 年其装机成本与基准情景基本相近。其他新能源的技术（光伏发电与生物质能发电）的成本演化趋势与无约束情景基本保持一致。可见，在成本最优的目标下，无论是终期减排还是总量减排都不利于清洁燃煤发电技术与光伏、生物质能等新能源技术的发展，减排目标的实现仍然主要依赖于核能、水电及风电。

10.3.4　碳排放趋势

　　总量减排约束下，由于能源结构的相应调整，最终得到中国未来碳排放的趋势如图

10.15 所示。

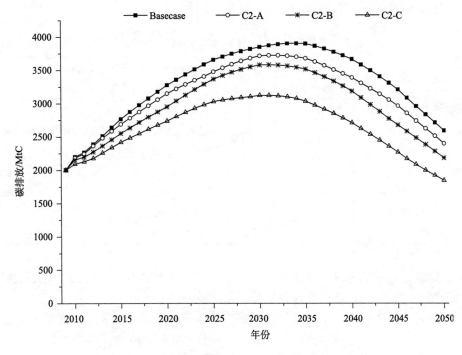

图 10.15　不同总量减排目标下未来碳排放趋势

由模拟结果可以发现，在总量减排目标下，碳排放高峰相应提前：总量减排 5%、10%和 20%时，碳高峰分别提前至 2032 年、2031 年和 2030 年。尽管排放高峰出现的年份并没有得到显著提前，但从排放路径来看，相对基准情景的排放量在各期均有明显的下降。相应的排放峰值分别降至 3722MtC、3581MtC 和 3122MtC。

相应地，能源供给总成本也将相应增加，总量减排 5%时，总能源成本由不减排时的 13.9 万亿美元上升至 14.0 万亿美元，上升幅度为 0.7%；总量减排 20%时，总能源成本则上升至 15.6 万亿美元，上升幅度达到 12.2%。与终期减排目标相比，虽然减排率相同，但由于总量减排的减排量比终期减排高，因此，对应着较高的减排成本。

10.4　不同减排目标比较

以无碳排放约束的基准情景为基础，10.2 和 10.3 节分别模拟了终期减排目标与总量减排目标约束下，成本最优的能源系统演化特征和碳排放趋势路径。为了进行宏观比较，我们分别对比了各情景下的能源供给成本和碳排放趋势特征，如表 10.5 所示。

通过对两类减排目标下的模拟结果进行对比，我们发现在终期减排约束下，模拟期前期的碳排放轨迹与基准情景基本一致，为了实现期末的减排目标，后期的排放轨迹开始出现分化。随着终期减排目标的提高，碳排放轨迹的峰值提前较为明显。在终期减排 5%和 10% 的目标下，峰值出现的时间从 2034 年均提前到 2031 年；当终期减排目标提高到 20%时，峰值年份更是提前到 2027 年。然而尽管峰值提前，但由于前期排放路径并没有下移，因此，峰值排放量较高。同样地，虽然 2050 年碳排放有很大比例的减少，

表 10.5　各减排目标情景与基准情景下的能源成本与碳排放趋势比较

情景名称	累积排放量/GtC	总能源成本/万亿美元	2050 年碳排放当量/MtC	碳高峰峰值/MtC	高峰年份
基准情景（Basecase）	138	13.96	2592	3903	2034
终期减排 5%（C1-A）	134	14.04	2090	3858	2031
终期减排 10%（C1-B）	133	14.11	1980	3865	2031
终期减排 20%（C1-C）	128	14.55	1760	3728	2027
总量减排 5%（C2-A）	131	14	2398	3722	2032
总量减排 10%（C2-B）	124	14.22	2182	3581	2031
总量减排 20%（C2-C）	110	15.64	1842	3123	2030

但对累积碳排放总量的削减并不明显：在终期减排 20%的目标下，累积碳排放总量仅比基准情景减少 7%。而在总量减排情景下，碳排放路径从模拟初期便开始下移。尽管高峰出现年份没有显著提前，但峰值排放量却明显低于终期减排情景。由此意味着更高的减排量，相应的能源供给成本也将上升较多。在总量减排 20%时，总能源成本要比无碳排放约束的基准情景增加 12%，而在终期减排情景下，总能源成本仅比基准情景增加 4%。相比较而言，终期减排控制更有助于碳高峰的提前发生，但是对排放高峰值并无太大削减作用，而总量减排控制对整个排放曲线的下降具有更为明显的拉动作用。

由于电力能源及非电力能源间存在替代作用，因此要保证能源供需均衡并完成减排的目标，电力能源在很大的程度上发挥着替代化石能源（非电力能源）的作用。在终期碳排放的控制目标下，电力能源在期末存在反弹现象，而这样的结果势必会导致能源供给不稳定，减排路径将出现前轻后重，突击完成减排任务的现象。与终期减排约束情景不同，总量减排目标下电力能源随减排力度提高，其供给量逐渐增加，而这有助于能源的稳定供给。

化石能源方面，可以发现在终期减排目标约束下，化石能源的使用在减排前期相比基准情景略有增加，反映出其前期减排不力的结果。而在总量减排目标约束下，化石能源的各期使用量均较基准情景呈现显著下降的趋势。而这部分化石能源供给的减少则由电力能源增加来实现能源供需平衡。

电力能源方面，在终期减排目标情景下，电力燃料——煤炭的使用在模拟前期增多；燃气发电与燃油发电技术的燃料投入占比基本维持不变。而在总量减排约束下，各火力发电技术历年的发电量及电力能源占比均明显低于基准情景。在减排目标的约束下，水力发电将达到装机容量上限。其中，总量约束下水力发电更早达到装机容量上限。核电与风电技术在减排目标的约束下均呈扩张趋势，但在终期减排目标下，电力能源技术投资波动较大，会造成能源结构的不稳定。而在总量约束下，各技术的投资、发电量和成本变化均保持一种循序渐进演变的过程。

化石能源价格方面，终期减排约束下各化石能源的价格变化并不明显。与基准情景相比，煤炭及天然气的价格均呈先增后减的趋势，而石油价格恰恰相反，呈现先减后增的趋势，但变动幅度均较小。总量减排约束下，煤炭使用量随减排目标的提高而不断减少，相应的价格也随着减排目标的提高而下降。而石油作为非电力能源中替代煤炭的主要替代品，总量减排情景中的价格要高于基准情景下的价格，而天然气价格与基准情景基本保持一致。

火力发电技术由于伴随着大量化石能源燃料的使用，将带来大量 CO_2 排放。因此，在减排目标的约束下，传统的火力发电技术，如 PC、燃油发电和燃气发电技术的装机投资都将不同程度降低，使得各火力发电技术的装机成本因学习效应不足而并未出现如基准情景中那样的下降幅度。相反，核电、风电及水电这三种无碳发电技术，其装机投资在各种减排情景中都会出现明显的提高，因此，在学习效应作用下，其装机成本会发生十分显著的下降趋势。其中，核电与风电技术的成本下降最为明显：终期减排 20%时，核电技术到 2050 年的装机成本将比 2010 年下降 32.6%，风电技术同期装机成本将下降46.8%。而在总量减排 20%情景中，核电装机成本到 2050 年比 2010 年下降 30.5%，风电的装机成本比 2010 年下降 45.2%。对于水电而言，由于水资源可开发利用的空间有限，意味着未来水电装机投资不会大幅增加，因此水电技术的装机成本略有下降，幅度不大。此外，出于能源供给成本最小的现实考虑，两类减排目标下，清洁燃煤发电技术（USC、IGCC）以及光伏发电和生物质能发电技术均未得到有效发展，减排目标的实现将主要依赖于传统火力发电技术退出电力市场，并由核电、水电和风电来弥补电力市场的供给缺口。

附（模型求解 GAMS 代码）

```
------------------------------------BEGIN------------------------------------
* OPTIMAL CONTROL MODEL WITH CARBON BUDGET CONSTRAINT
* PRODUCTION   FUNCTION   TAKES THE CES FORM
* ENERGY IS DEVIDED INTO NEL AND EL.
* NEL INCLUDES COAL, OIL AND GAS
* EL INCLUDES PC,GSEL,OLEL,NUCL,WIND,HYDR,SOLR
OPTION DOMLIM = 1000000;
SETS
T                TIME PERIODS              /2009*2050/
TFIRST(T)        FIRST PERIOD
TLAST(T)         LAST PERIOD;

TFIRST(T)=YES$(ORD(T)EQ 1);
TLAST(T)=YES$(ORD(T)EQ CARD(T));

SETS
CESELEM                CES COMPOUND ELEMENT    /OIL,GAS,BIO,OGB,COAL,NELE,ENRG,
```

	ELEC, BIOEL,HYDR,WIND,NUCL,SOLR,ELFF,CLEL,OLEL,GSEL,PC,USC,IGCC/
EN(CESELEM)	ALL ENERGY TYPES　/COAL,OIL,GAS,BIO,PC,USC,IGCC,OLEL,
	GSEL,NUCL,WIND,HYDR,SOLR,BIOEL/
EL(EN)	ELECTRICITY　/PC,USC,IGCC,OLEL,GSEL,NUCL,WIND,HYDR,
	SOLR, BIOEL/
ELF(EL)	FUEL REQUIRED EL　　　　　　　　　/PC,USC,IGCC,OLEL,
	GSEL,NUCL,BIOEL/
ELN(EL)	NO FUEL REQUIRED EL　　　　　/WIND,HYDR,SOLR/
COGBN(EN)	EXHAUSTIBLE ENERGY　　　　/COAL,OIL,GAS,BIO,NUCL/
COGB(COGBN)	CONSUMPTION FOR COAL OIL GAS BIO　/COAL,OIL,GAS,BIO/
COGN(COGBN)	CONSUMPTION FOR COAL OIL GAS NUCLEAR　/COAL, OIL,GAS,NUCL/ ;

SCALARS

DEP	DEPRECIATION OF CAPITAL	/0.051/
TPRF	TIME PREFERENCE	/0.05/
QBTU2MTOE	MULTIPLIER FROM QBUT TO MTOE	/25.1996/
KWH2MTOE	MULTIPLIER FORM 亿千瓦时 TO MTOE	/0.0086/
TEREMS	EMISSION TERMINAL TARGET	
EMSBDG	EMISSION BUDGET LIMIT ;	

PARAMETERS

TFP(CESELEM)	TFP IN CES FUNCTIONS
ROU(CESELEM)	ROU IN CES FUNCTIONS(elesticity)
LAMD(CESELEM)	LAMDA IN CES FUNCTIONS(share)

B(EL)	INITIAL COST IN LEARNING CURVE
PR(EL)	PROGRESS RATE IN LEARNING CURVE
MU(EL)	EL PER CAPACITY(10000*H)
TAU(EL)	EL PER O&M COST(USD PER MWH)
KSI(ELF)	EL PER FUEL USED
CAP09(EL)	INITIAL CAPACITY IN 2009　　(万千瓦)
INVT09(EL)	INITIAL INVESTMENT IN 2009　(mill. $)
SC09(EL)	INITIAL SC IN 2009　　($ PER KWE)
FUEL09(ELF)	INITIAL FUEL CONSUMED IN 2009 (QBtu)
DELT(EL)	THE DEPRECIATION RATE OF THE PLANTS

CHI(COGN)	BASE PRICE OF FUEL
PAI(COGN)	CONSTANT EFFECT OF DEPLETION EFFECT OF FOSSIL FUEL

PSI(COGN)	EXPONENT EFFECT OF DEPLETION EFFECT OF FOSSIL FUEL
ETA(COGN)	GROWTH RATE OF RESERVE
IR(COGBN)	NET IMPORTED RATIO OF FOSSIL FUEL
CF(COGB)	CARBON COEFFICIENT(CARBON CONTENT)(MtC per QBtu)
RESERVE09(COGN)	INITIAL RESERVE OF EACH NEL IN 2009(QBtu)
PRICE09(COGBN)	INITIAL PRICE OF EACH NEL IN 2009 (bill. $ per QBtu)
NELSPLY09(COGB)	SUPPLY OF DIRECTLY USED NEL IN 2009(QBtu)
CONSM09(COGBN)	CONSUMPTION OF COGBN IN 2009
BLIM	ANNUAL SUPPLY LIMIT OF BIO-ENERGY
ENDEM(T)	ENERGY DEMAND OF EACH PERIOD(Mtoe)

POSITIVE VARIABLES

SPLY(T,EN)	ENERGY SUPPLY(INCL. EL GENERATED AND NEL DIRECTLY USED)(QBtu for COG and 亿千瓦时 for EL)
CLEL(T)	CES COMPOUND OF(PC USC IGCC)(亿千瓦时)
ELFF(T)	CES COMPOUND OF(CLEL OLEL GSEL)(亿千瓦时)
ELCMP(T)	CES COMPOUND OF(ELFF NUCL WIND HYDR SOLR BIOEL)(亿千瓦时)
SPLY_EL(T)	TOTAL EL SUPPLY(Mtoe)
OGB(T)	CES COMPOUND OF(OIL GAS BIO)(QBtu)
NELCMP(T)	CES COMPOUND OF(COAL OGB)(QBtu)
SPLY_NEL(T)	TOTAL NEL SUPPLY(Mtoe)
ENSPLY(T)	TOTAL ENERGY SUPPLY INCLUDE EL AND NEL(Mtoe)
SC(T,EL)	INSTALL COST FOR PLANTS($ per kWe)
CAPACITY(T,EL)	NEWLY INCREASED CAPACITY OF EACH PLANT AT TIME T(万千瓦)
CAPCUM(T,EL)	ACCUMULATED CAPACITY (万千瓦)
INVEST(T,EL)	INVESTMENT TO EACH EL TECHNOLOGY(mill. $)
OM(T,EL)	OPERATE AND MAINTAINENCE COST(mill. $)
FUEL(T,ELF)	FUEL COMBUSTED IN ELECTRCITY GENERATING (QBtu)
CONSM(T,COGBN)	TOTAL CONSUMPTION OF EXHAUSTIBLE SOURCE(to COMPUTE CO2 EMS)(QBtu)
CONSM_T(T,COGBN)	TOTAL DOMESTIC CONSUMPTION OF FOSSIL ENERGY TILL TIME T(to DETERMINE PRICE)(QBtu)
RESERVE(T,COGN)	RESERVE OF EACH NEL AT TIME T(QBTU)
PRICE(T,COGBN)	PRICE OF EXHAUSTIBLE FOSSIL ENERGY(bill. $ per QBtu)
COST(T,EN)	ENERGY COST (bill. $)
EMS(T)	EMISSION AT TIME T (MtC)
EMSCUM(T)	ACCUMULATIVE EMISSION(MtC)

VARIABLES
TOTALCOST   SUM OF PRESENT VALUE OF COST (bill. $)

EQUATIONS
CES_CLEL(T)   CES FUNCTION COAL-PC USC IGCC
CES_ELFF(T)   CES FUNCTION ELFF-CLEL OIL GAS
CES_EL(T)   CES FUNCTION ENERGY_EL-ELFF NUCLEAR
                             HYDROPOWER WIND SOLAR BIO
EL_MTOE(T)   UNIT TRANSFER
CES_OGB(T)   CES FUNCTION OGB-OIL GAS BIO
CES_NEL(T)   CES FUNCTION SPLY_NEL-NEL_OBG COAL
NEL_MTOE(T)   UNIT TRANSFER
CES_EN(T)   CES FUNCTION ENSPLY-SPLY_NEL ENERGY SUPPLY_EL

CAPINIT(T,EL)   INITIAL VALUE FOR CAPAPCITY
CAPCUM0(T,EL)   INITIAL VALUE FOR CAP
INVEST0(T,EL)   INITIAL INVESTMENT
FUNC_CAP(T,EL)   ACCUMULATE CAPACITY FOR FOSSIL ENERGY
EL_GEN(T,EL)   ELECTRICITY GENERATING
FUNC_OM(T,EL)   O&M COST
FUNC_FUEL(T,ELF)   FUEL COMBUSTED IN ELECTRICITY GENERATION
FUNC_CAPCUM(T,EL)   ACCUMULATE CAPACITY FOR FOSSIL ENERGY WITH NO
                             DEPRECIATION
FUNC_SC(T,EL)   LEARNING CURVE

NELSPLY0(T,COGB)   INITIAL SUPPLY OF DIRECTLY USED NEL
RESERV_DYN(T,COGBN)   RESERVE OF EXHAUSTIBLE ENERGY DYNAMICS
FUNC_PRICE(T,COGN)   EXHAUSTIBLE ENERGY PRICE
FUNC_PRICE1(T,COGB)   PRICE OF BIO-ENERGY

CONSM_NEL(T,COGBN)   EXHAUSTIBLE ENERGY CONSUMED IN EL AND NEL('COAL')
CONSM_NEL2(T,COGBN)   EXHAUSTIBLE ENERGY CONSUMED IN EL AND NEL('OIL')
CONSM_NEL3(T,COGBN)   EXHAUSTIBLE ENERGY CONSUMED IN EL AND NEL('GAS')
CONSM_NEL4(T,COGBN)   EXHAUSTIBLE ENERGY CONSUMED IN EL AND NEL('BIO')
CONSM_NEL5(T,COGBN)   EXHAUSTIBLE ENERGY CONSUMED IN EL AND NEL('NUCL')
CONSM_TOTAL(T,COGBN)   CUMULATED EXHAUSTIBLE ENERGY CONSUMPTION
                             (USED IN PRICE FUNCTION)

FUNC_EMS(T)   CARBON EMISSION IN TIME T

FUNC_EMSCUM(T)   CARBON EMISSION TILL TIME T

ENBLC(T)   ENERGY BALANCE SUPPLY >= DEMAND

CONS_NEL(T,COGN)   CONSTRAINT ON CONSUMPTION OF EXHAUSTIBLE FUEL

CONS_NEL1(T,COGB)   CONSTRAINT ON CONSUMPTION OF EXHAUSTIBLE FUEL('BIO')

CONS_EL(T,EL)   CONSTRAINT ON INVESTMENT OF hydro

CONS_EL1(T,EL)   CONSTRAINT ON PERIODC

FUNC_COST(T,COGB)   COST FUNC AT TIME T(COGB)

FUNC_COST1(T,ELF)   COST FUNC AT TIME T('PC')

FUNC_COST2(T,ELF)   COST FUNC AT TIME T('USC')

FUNC_COST3(T,ELF)   COST FUNC AT TIME T('IGCC')

FUNC_COST4(T,ELF)   COST FUNC AT TIME T('OLEL')

FUNC_COST5(T,ELF)   COST FUNC AT TIME T('GSEL')

FUNC_COST6(T,ELF)   COST FUNC AT TIME T('NUCL')

FUNC_COST7(T,ELF)   COST FUNC AT TIME T('BIOEL')

FUNC_COST8(T,ELN)   COST FUNC AT TIME T(ELN)

TOTCOST   TOTAL PRESENT VALUE OF COST TILL TIME T;

CES_CLEL(T)..   CLEL(T)=E=TFP('CLEL')*(LAMD('PC')*SPLY(T,'PC')**ROU('CLEL')+

                                     LAMD('USC')*SPLY(T,'USC')**ROU('CLEL')

                                     +LAMD('IGCC')*SPLY(T,'IGCC')**ROU('CLEL'))**(1/ROU('CLEL'));

CES_ELFF(T)..   ELFF(T)=E=TFP('ELFF')*(LAMD('CLEL')*CLEL(T)

                                     ROU('ELFF')+LAMD('OLEL')*SPLY(T,'OLEL')ROU('ELFF')

                                     +LAMD('GSEL')*SPLY(T,'GSEL')**ROU('ELFF'))**(1/ROU('ELFF'));

CES_EL(T)..   ELCMP(T)=E=TFP('ELEC')*(LAMD('ELFF')*ELFF(T)**ROU('ELEC')

+LAMD('NUCL')*SPLY(T,'NUCL')**ROU('ELEC')+LAMD('WIND')*SPLY(T,'WIND')**ROU('ELEC')

+LAMD('HYDR')*SPLY(T,'HYDR')**ROU('ELEC')+LAMD('SOLR')*SPLY(T,'SOLR')**ROU('ELEC')

+LAMD('BIOEL')*SPLY(T,'BIOEL')**ROU('ELEC'))**(1/ROU('ELEC'));

EL_MTOE(T)..   SPLY_EL(T)=E=KWH2MTOE * ELCMP(T);

CES_OGB(T)..   OGB(T)=E=TFP('OGB')*(LAMD('OIL')*SPLY(T,'OIL')**ROU('OGB')

+LAMD('GAS')*SPLY(T,'GAS')**ROU('OGB')+LAMD('BIO')*SPLY(T,'BIO')**ROU('OGB'))

**(1/ROU('OGB'));

CES_NEL(T)..   NELCMP(T)=E=TFP('NELE')*(LAMD('COAL')*SPLY(T,'COAL')

                                     ROU('NELE')+LAMD('OGB')*OGB(T)ROU('NELE'))**(1/ROU('NELE'));

NEL_MTOE(T)..   SPLY_NEL(T)=E=QBTU2MTOE * NELCMP(T);

CES_EN(T)..   ENSPLY(T)=E=TFP('ENRG')*(LAMD('NELE')*SPLY_NEL(T)

$$**ROU('ENRG')+LAMD('ELEC')*SPLY\_EL(T)**ROU('ENRG'))$$
$$**(1/ROU('ENRG'));$$

CAPINIT(TFIRST,EL)..	CAPACITY(TFIRST,EL)=E=CAP09(EL);
CAPCUM0(TFIRST,EL)..	CAPCUM(TFIRST,EL)=E=CAP09(EL);
INVEST0(TFIRST,EL)..	NVEST(TFIRST,EL)=E=INVT09(EL);

FUNC_CAP(T+1,EL)..   CAPACITY(T+1,EL)=E=CAPACITY(T,EL)*(1-DELT(EL))
                      +INVEST(T,EL)/SC(T,EL)*100;

EL_GEN(T,EL)..   SPLY(T,EL)=E=MU(EL)*CAPACITY(T,EL);

FUNC_OM(T,EL)..   OM(T,EL)=E=SPLY(T,EL)/TAU(EL);

FUNC_FUEL(T,ELF)..   FUEL(T,ELF)=E=SPLY(T,ELF)/KSI(ELF);

FUNC_CAPCUM(T+1,EL).. CAPCUM(T+1,EL)=E=CAPCUM(T,EL)+INVEST(T,EL)
                      /SC(T,EL)*100;

FUNC_SC(T,EL)..   SC(T,EL)=E=B(EL)*(CAPCUM(T,EL)**PR(EL));

NELSPLY0(TFIRST,COGB).. SPLY(TFIRST,COGB)=E=NELSPLY09(COGB);

RESERV_DYN(T+1,COGN).. RESERVE(T+1,COGN)=E=(1+ETA(COGN))*RESERVE(T,CO
                      GN)-(1-IR(COGN))*CONSM(T,COGN);

FUNC_PRICE(T,COGN).. PRICE(T,COGN)=E=CHI(COGN)+PAI(COGN)*(CONSM_T(T,
                      COGN)/RESERVE(T,COGN))**PSI(COGN);

FUNC_PRICE1(T,'BIO').. PRICE(T,'BIO')=E=PRICE09('BIO')*(CONSM_T(T,'BIO')**(-0.02));

CONSM_NEL(T,'COAL').. CONSM(T,'COAL')=E=SPLY(T,'COAL')+FUEL(T,'PC')+FUEL
                      (T,'USC')+FUEL(T,'IGCC');

CONSM_NEL2(T,'OIL').. CONSM(T,'OIL')=E=SPLY(T,'OIL')+FUEL(T,'OLEL');

CONSM_NEL3(T,'GAS').. CONSM(T,'GAS')=E=SPLY(T,'GAS')+FUEL(T,'GSEL');

CONSM_NEL4(T,'BIO').. CONSM(T,'BIO')=E=SPLY(T,'BIO')+FUEL(T,'BIOEL');

CONSM_NEL5(T,'NUCL').. CONSM(T,'NUCL')=E=FUEL(T,'NUCL');

CONSM_TOTAL(T,COGBN).. CONSM_T(T,COGBN)=E=CONSM_T(T-1,COGBN)+(1-IR(CO
                      GBN))*CONSM(T,COGBN);

FUNC_EMS(T)..   EMS(T)=E=SUM(COGB,CF(COGB)*CONSM(T,COGB));

FUNC_EMSCUM(T)..   EMSCUM(T)=E=EMSCUM(T-1)+ EMS(T);

ENBLC(T)..   ENSPLY(T)=G=ENDEM(T);

CONS_NEL(T,COGN)..   CONSM(T,COGN)*(1-IR(COGN))=L=RESERVE(T,COGN);

CONS_NEL1(T,'BIO').. CONSM(T,'BIO')=L=BLIM;

CONS_EL(T+1,'HYDR').. SPLY(T+1,'HYDR')=L=1.1*SPLY(T,'HYDR');

CONS_EL1(T+1,'NUCL')..　　　　　SPLY(T+1,'NUCL')=L=1.23*SPLY(T,'NUCL');

*关于成本
FUNC_COST(T,COGB)..　　　　　COST(T,COGB)=E=PRICE(T,COGB)*SPLY(T,COGB);
FUNC_COST1(T,'PC')..　　　　　COST(T,'PC')=E=PRICE(T,'COAL')*FUEL(T,'PC')+(OM(T,'PC')+
　　　　　　　　　　　　　　　　　INVEST(T,'PC'))/1000;
FUNC_COST2(T,'USC')..　　　　　COST(T,'USC')=E=PRICE(T,'COAL')*FUEL(T,'USC')+(OM(T,'
　　　　　　　　　　　　　　　　　USC')+INVEST(T,'USC'))/1000;
FUNC_COST3(T,'IGCC')..　　　　　COST(T,'IGCC')=E=PRICE(T,'COAL')*FUEL(T,'IGCC')+(OM(T,'I
　　　　　　　　　　　　　　　　　GCC')+INVEST(T,'IGCC'))/1000;
FUNC_COST4(T,'OLEL')..　　　　　COST(T,'OLEL')=E=PRICE(T,'OIL')*FUEL(T,'OLEL')+(OM(T,'OL
　　　　　　　　　　　　　　　　　EL')+INVEST(T,'OLEL'))/1000;
FUNC_COST5(T,'GSEL')..　　　　　COST(T,'GSEL')=E=PRICE(T,'GAS')*FUEL(T,'GSEL')+(OM(T,'GS
　　　　　　　　　　　　　　　　　EL')+INVEST(T,'GSEL'))/1000;
FUNC_COST6(T,'NUCL')..　　　　　COST(T,'NUCL')=E=PRICE(T,'NUCL')*FUEL(T,'NUCL')+(OM(T,'
　　　　　　　　　　　　　　　　　NUCL')+INVEST(T,'NUCL'))/1000;
FUNC_COST7(T,'BIOEL')..　　　　　COST(T,'BIOEL')=E=PRICE(T,'BIO')*FUEL(T,'BIOEL')+(OM(T,'B
　　　　　　　　　　　　　　　　　IOEL')+INVEST(T,'BIOEL'))/1000;
FUNC_COST8(T,ELN)..　　　　　COST(T,ELN)=E=(OM(T,ELN)+INVEST(T,ELN))/1000;

TOTCOST..　　　　　TOTALCOST=E=SUM((T,EN),COST(T,EN)*(1+TPRF)**(1-ORD(T)));
MODEL　　BASELINE　　　　　/ALL/;

EQUATION
CONS_EMS(T)　　　　　　　　TERMINAL EMS TARGET
CONS_EMSCUM(T)　　　　　　EMS BUDGET;
CONS_EMS(TLAST)..　　　　　EMS(TLAST)=L=TEREMS;
CONS_EMSCUM(TLAST)..　　　　　EMSCUM(TLAST)=L=EMSBDG;
MODEL　　MTCONS　　　　　/ALL/;

* Fetch Parameter Data from Excel File Named 'Param.xlsx'
$ONECHO >　RXLSSETTINGS.TXT
OUTPUT=param.GDX
PAR=TFP　　　　　　RNG=CES_PARAM!B1:G2　　　　　　　CDIM=1
PAR=ROU　　　　　　RNG=CES_PARAM!B4:G5　　　　　　　CDIM=1
PAR=LAMD　　　　　RNG=CES_PARAM!B7:T8　　　　　　　CDIM=1
PAR=B　　　　　　　RNG=EL_PARAM!B1:K2　　　　　　　CDIM=1
PAR=PR　　　　　　RNG=EL_PARAM!B3:K4　　　　　　　CDIM=1

```
PAR=MU                 RNG=EL_PARAM!B5:K6              CDIM=1
PAR=TAU                RNG=EL_PARAM!B7:K8              CDIM=1
PAR=KSI                RNG=EL_PARAM!B9:H10             CDIM=1
PAR=CAP09              RNG=EL_PARAM!B11:K12            CDIM=1
PAR=INVT09             RNG=EL_PARAM!B13:K14            CDIM=1
PAR=FUEL09             RNG=EL_PARAM!B15:H16            CDIM=1
PAR=DELT               RNG=EL_PARAM!B17:K18            CDIM=1
PAR=CHI                RNG=NEL_PARAM!B1:E2             CDIM=1
PAR=PAI                RNG=NEL_PARAM!B3:E4             CDIM=1
PAR=PSI                RNG=NEL_PARAM!B5:E6             CDIM=1
PAR=ETA                RNG=NEL_PARAM!B7:E8             CDIM=1
PAR=IR                 RNG=NEL_PARAM!B9:F10            CDIM=1
PAR=CF                 RNG=NEL_PARAM!B11:E12           CDIM=1
PAR=PRICE09            RNG=NEL_PARAM!B13:F14           CDIM=1
PAR=NELSPLY09          RNG=NEL_PARAM!B15:E16           CDIM=1
PAR=RESERVE09          RNG=NEL_PARAM!B17:E18           CDIM=1
PAR=BLIM               RNG=NEL_PARAM!B20               DIM=0
PAR=ENDEM              RNG=EN_demand!A2:B43            RDIM=1
$OFFECHO
$CALL GDXXRW.EXE   Param.xlsx   @RXLSSETTINGS.TXT
$GDXIN param.GDX
$LOAD              TFP ROU LAMD B PR MU TAU KSI CAP09 INVT09 FUEL09 DELT
                   CHI PAI PSI ETA IR CF   PRICE09 NELSPLY09 RESERVE09 BLIM ENDEM
$GDXIN


* INITIAL STATE OF VARIABLES
INVEST.L(T,EL)=INVT09(EL);
CAPACITY.L(TFIRST,EL)=CAP09(EL);
CAPCUM.L(TFIRST,EL)=CAP09(EL);
SPLY.L(T,COGB)=NELSPLY09(COGB);
CONSM09('COAL')=NELSPLY09('COAL')+FUEL09('PC')+FUEL09('USC')+FUEL09('IGCC');
CONSM09('OIL')=NELSPLY09('OIL')+FUEL09('OLEL');
CONSM09('GAS')=NELSPLY09('GAS')+FUEL09('GSEL');
CONSM09('BIO')=NELSPLY09('BIO')+FUEL09('BIOEL');
CONSM09('NUCL')=FUEL09('NUCL');
CONSM_T.L(TFIRST,COGBN)=0;
RESERVE.L(TFIRST,COGN)=RESERVE09(COGN);
```

```
LOOP(T,
        SC.L(T,EL)=B(EL)*(CAPCUM.L(T,EL)**PR(EL));

CAPACITY.L(T+1,EL)=CAPACITY.L(T,EL)*(1−DELT(EL))+INVEST.L(T,EL)/SC.L(T,EL)*100;
        CAPCUM.L(T+1,EL)=CAPCUM.L(T,EL)+INVEST.L(T,EL)/SC.L(T,EL)*100;
        SPLY.L(T,EL)=MU(EL)*CAPACITY.L(T,EL);
        OM.L(T,EL)=SPLY.L(T,EL)/TAU(EL);
        FUEL.L(T,ELF)=SPLY.L(T,ELF)/KSI(ELF);

CONSM.L(T,'COAL')=SPLY.L(T,'COAL')+FUEL.L(T,'PC')+FUEL.L(T,'USC')+FUEL.L(T,'IGCC');
        CONSM.L(T,'OIL')=SPLY.L(T,'OIL')+FUEL.L(T,'OLEL');
        CONSM.L(T,'GAS')=SPLY.L(T,'GAS')+FUEL.L(T,'GSEL');
        CONSM.L(T,'BIO')=SPLY.L(T,'BIO')+FUEL.L(T,'BIOEL');
        CONSM.L(T,'NUCL')=FUEL.L(T,'NUCL');

CONSM_T.L(T,COGBN)=CONSM_T.L(T−1,COGBN)+(1−IR(COGBN))*CONSM.L(T,COGBN);
        RESERVE.L(T+1,COGN)=(1+ETA(COGN))*RESERVE.L(T,COGN);
PRICE.L(T,COGN)=CHI(COGN)+PAI(COGN)*(CONSM_T.L(T,COGN)/RESERVE.L(T,COGN))
**PSI(COGN);
CLEL.L(T)=TFP('CLEL')*(LAMD('PC')*SPLY.L(T,'PC')**ROU('CLEL')+LAMD('USC')*SPLY.L(T,'USC')
**ROU('CLEL')+LAMD('IGCC')*SPLY.L(T,'IGCC')**ROU('CLEL'))**(1/ROU('CLEL')));
ELFF.L(T)=TFP('ELFF')*(LAMD('CLEL')*CLEL.L(T)**ROU('ELFF')+LAMD('OLEL')*SPLY.L(T,'OLEL')
**ROU('ELFF')+LAMD('GSEL')*SPLY.L(T,'GSEL')**ROU('ELFF'))**(1/ROU('ELFF')));
ELCMP.L(T)=TFP('ELEC')*(LAMD('ELFF')*ELFF.L(T)**ROU('ELEC')+LAMD('NUCL')
*SPLY.L(T,'NUCL')**ROU('ELEC')+LAMD('WIND')*SPLY.L(T,'WIND')**ROU('ELEC')+LAMD('HYDR'
)*SPLY.L(T,'HYDR')**ROU('ELEC')+LAMD('SOLR')*SPLY.L(T,'SOLR')**ROU('ELEC')+LAMD('BIOE
L')*SPLY.L(T,'BIOEL')**ROU('ELEC'))**(1/ROU('ELEC')));
SPLY_EL.L(T)=KWH2MTOE*ELCMP.L(T);
OGB.L(T)=TFP('OGB')*(LAMD('OIL')*SPLY.L(T,'OIL')**ROU('OGB')+LAMD('GAS')*SPLY.L(T,'GAS')
**ROU('OGB')+LAMD('BIO')*SPLY.L(T,'BIO')**ROU('OGB'))**(1/ROU('OGB')));
NELCMP.L(T)=TFP('NELE')*(LAMD('COAL')*SPLY.L(T,'COAL')**ROU('NELE')+LAMD('OGB')
*OGB.L(T)**ROU('NELE'))**(1/ROU('NELE')));
SPLY_NEL.L(T)=QBTU2MTOE*NELCMP.L(T);
ENSPLY.L(T)=TFP('ENRG')*(LAMD('NELE')*SPLY_NEL.L(T)**ROU('ENRG')+LAMD('ELEC')
*SPLY_EL.L(T)**ROU('ENRG'))**(1/ROU('ENRG')));
);
EMS.L(T)=SUM(COGB,CF(COGB)*CONSM.L(T,COGB));
EMSCUM.L(TFIRST)=EMS.L(TFIRST);
```

```
EMSCUM.L(T)=EMSCUM.L(T-1)+ EMS.L(T);

*BOUNDS ON VARIABLES
CONSM_T.LO(T,COGN)=CONSM09(COGN);
RESERVE.LO(T,COGN)=1;
CAPACITY.UP(T,'WIND')=100000;
CAPACITY.UP(T,'HYDR')=54000;

SOLVE   BASELINE USING NLP MINIMIZING TOTALCOST;
SOLVE   MTCONS USING NLP MINIMIZING TOTALCOST;
$include OUTPUT.gms
```

---END---

第 11 章　减排政策情景能源结构演化模拟

第 10 章的模拟分析从理论上得出了实现减排目标前提下，对各能源技术之间如何替代，对不同电力技术的投资如何分配以及能源结构最终如何调整等一系列能源系统演变问题进行了研究。可以看出，通过设定宏观减排目标，依靠市场手段任由能源供给部门在成本最小化和利润最大化的动机驱使下去完成减排目标，往往缺少一种保障机制。即宏观减排目标如果不直接作用于企业等微观主体，企业在追求成本最小化的过程中将感受不到其减排责任。由于仅仅设定减排目标缺乏可操作的减排实践意义，因此，第 10 章的分析也仅限于在理论上给出一个最优的能源结构演变路径。

另外，从第 10 章的模拟结果来看，代表未来新能源发展方向的太阳能与生物质能发电技术由于成本的原因，即便在较高减排目标下仍未能得到有效发展。因此，这些新技术需要有激励政策的支持才能得以发展。基于以上两方面考虑，我们在本章引入碳税和新能源补贴这两个被广泛关注的减排政策，来分析在同样的成本最小目标和能源供需平衡框架下，中国未来能源技术如何发展和能源结构如何优化的问题。

不同于终期减排目标和总量减排目标等命令控制手段，碳税这一政策工具可以直接改变能源使用成本，让众多微观经济主体切实感受到不同能源之间的价格差异，从而作出有利于减少 CO_2 排放的选择和行动。碳税是基于化石能源的含碳量作为计征基础，根据含碳量越高碳税越高的原则，其征收将提高含碳量较高的化石能源的使用成本，从而刺激微观经济主体减少高碳能源消耗，转为低碳能源来满足其能源需求，最终实现能源结构向低碳化发展的目的。但关于碳税税率的选择、碳税征收时间以及补贴比例如何确定等仍是不确定的问题。

本章从生产性碳税角度出发，即对能源供给部门根据其能源碳含量征收碳税，从而改变其能源供给成本。如前所述，我们针对上述三个不确定性问题，设定三大类方案。针对碳税税率，我们设定三档税率水平，分别为高（50 USD/tC）、中（20 USD/tC）和低（10USD/tC）税率情景；针对碳税征收时间，我们假设了两种情况，即单一碳税情景（假定碳税从 2015 年开始征收并维持该税率至 2050 年）和两阶段碳税情景（假定碳税从 2015 年开始征收，并从 2030 年开始提高税率至原来的两倍）；针对碳税补贴来源和分配比例，我们分别假定取碳税额的 20%和 40%作为补贴资金，并对低碳能源补贴权重设置两种情景，即仅对风电、太阳能和生物质能发电技术按 1∶2∶2 的比例进行补贴，或对核电、水电、风电、太阳能及生物质能等所有低碳发电技术按 1∶1∶2∶3∶3 的比例进行补贴，以反映不同的政策倾向。有关详细的情景设置依据请参见 9.4 节。

由于只有化石能源的使用导致碳排放，因此，碳税的征收也仅针对煤炭、石油和天然气等化石燃料供给部门。为此，需要在化石能源供给中引入碳税。一般碳税采用从量计征的形式，即根据碳排放量征收一定比率的碳税。假设碳税税率为 tC（单位为$/tC），则存在如下关系：

$$t_f = \kappa_f \cdot tC, \quad f = \text{coal, oil, gas} \tag{11.1}$$

式中，κ_f 为化石能源 f 的碳排放系数（单位为 tC/toe），即单位化石能源消费所排放的 CO_2 量；t_f 为征收碳税对化石能源 f 产生的溢价效应（单位为\$/toe）。为此，征收碳税后的化石能源价格变为

$$P'_f = P_f + t_f \tag{11.2}$$

最后，对化石能源征收的碳税总额为

$$T_C = \sum_f t_f \cdot X_f, \quad f = \text{coal, oil, gas} \tag{11.3}$$

11.1　单阶段碳税情景的模拟分析

该情景假定从 2015 年起开始征收碳税，并一直持续到 2050 年，在此期间碳税税率保持不变。碳税征收以后，对应的化石能源价格与基准情景下价格之间的差距即为根据式（11.1）计算出的各能源品种的溢价水平。各化石能源在三种碳税税率情景下的溢价分别为：煤炭（10.05 \$/toe、20.10 \$/toe、50.26 \$/toe）、石油（7.53 \$/toe、15.06 \$/toe、37.65 \$/toe）、天然气（6.17 \$/toe、12.34 \$/toe、30.86 \$/toe），反映出在同一碳税税率水平上不同能源品种由于碳排放系数不同所表现出的不同的碳税溢价水平。

在碳税的影响下，中国化石能源消费量在不同情景下的变动情况如表 11.1 所示，其消费结构由于成本变化也发生了如图 11.1 所示的演化趋势。

表 11.1　征收单阶段碳税对各化石能源消费量的影响　　　　（单位：Mtoe）

年份	情景	COAL	OIL	GAS	PCEL	USC	IGCC	OLEL	GSEL	总量
2020	Basecase	1663.60	481.86	129.94	1045.46	70.09	26.91	4.43	16.24	3438.53
	S1-A	1650.43	483.64	130.33	1009.51	67.76	26.07	4.32	15.82	3387.88
	S1-B	1638.08	485.41	130.71	979.06	65.80	25.35	4.22	15.47	3344.10
	S1-C	1605.37	490.88	131.79	929.09	62.66	24.26	4.11	15.02	3263.18
2030	Basecase	2003.80	590.05	168.95	1155.49	77.95	30.15	4.98	18.71	4050.08
	S1-A	1991.22	591.80	169.30	1110.46	74.98	29.04	4.82	18.11	3989.73
	S1-B	1979.57	593.77	169.68	1094.45	73.94	28.67	4.79	17.97	3962.84
	S1-C	1947.40	599.82	170.75	1067.63	72.33	28.15	4.77	17.88	3908.73
2040	Basecase	1846.97	568.26	169.06	1144.55	77.40	30.02	5.13	19.55	3860.94
	S1-A	1837.33	569.95	169.29	1110.91	75.18	29.20	5.01	19.09	3815.96
	S1-B	1827.99	571.65	169.50	1078.91	73.07	28.41	4.90	18.65	3773.08
	S1-C	1801.83	576.94	170.11	1005.30	68.24	26.63	4.65	17.67	3671.37
2050	Basecase	1327.79	435.52	130.36	763.49	51.28	19.34	3.46	13.07	2744.31
	S1-A	1320.61	436.78	130.35	744.46	50.02	18.89	3.39	12.80	2717.30
	S1-B	1313.71	438.05	130.35	726.34	48.82	18.47	3.33	12.54	2691.61
	S1-C	1294.74	442.02	130.35	685.30	46.16	17.52	3.19	12.00	2631.28

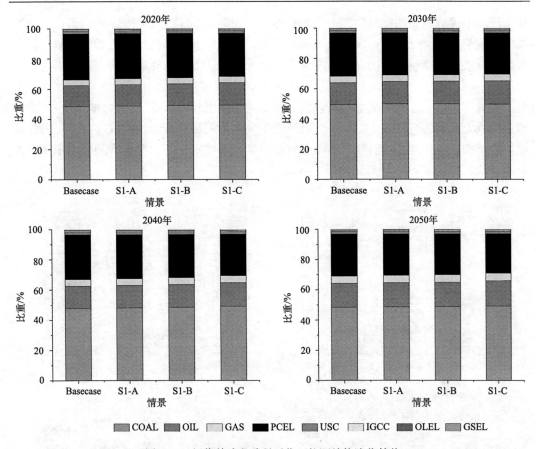

图 11.1　征收单阶段碳税后化石能源结构演化趋势

从表 11.1 中可以看出，实施单阶段碳税政策后，作为火力发电燃料用途的化石能源使用量出现不同程度的下降，尽管降低的幅度有限，这可能与碳税税率水平有关。而作为非电力能源而直接使用的化石能源消费量则发生了不同的变化趋势：煤炭使用量相比基准情景呈下降趋势，而石油和天然气则呈上升趋势。以上现象再次说明，电力能源中火力发电技术由于碳税政策而逐渐退出市场，反映了新能源发电技术可以有效地对其进行替代；而化石能源的一次使用尚无其他可替代能源，只能由相对低碳的石油和天然气对高碳含量的煤炭进行替代。正是由于非电力能源的有限替代，煤炭的使用量虽有较为明显的降低，但其在化石能源中的占比却反而有所提高。但是总体来看（图 11.1），在现有单阶段碳税税率水平上，化石能源结构没有出现显著改善的迹象。

由于碳税使得化石能源供给成本相对提高，在一定程度上抑制了化石能源的使用。模拟结果表明，在碳税的作用下，化石能源总供给量较基准情景有所减少。在高碳税 S1-C 情景中，非电力能源煤炭的使用高峰将由基准情景的 2010Mtoe 下降至 1955Mtoe，而高峰年份仍然出现在 2032 年。由于石油和天然气对煤炭的替代作用，使得两者的峰值分别上升了 9.3 Mtoe 和 1.4 Mote，但高峰年份同样不变。在低碳税 S1-A 情景中，非电力能源煤炭的使用高峰降至 1998Mtoe，但天然气及石油的使用与基准情景一致，无明显变化。而对电力能源而言，高碳税情景会使火力发电对化石能源的使用高峰提前并拉低峰值，作为燃料的煤炭、石油和天然气的高峰年份分别提前至 2031 年和 2033 年。但在低碳税及中碳税情景中，三者的高峰年份不变。可见，碳税有助于降低化石能源使用量，但其下降程度取决于碳税税率的高低。在现有税率水平下，对化石能源使用高峰的提前作用有限。

另外，由于电力能源市场长期以来一直由火力发电技术所主导，因此，碳税政策必将影响火力发电的燃料投入成本，进而改变不同电力能源的综合供给成本，对电力能源的供给结构产生相应影响。在三种不同单阶段碳税税率水平下，模拟得到中国未来电力能源结构的演化趋势如图 11.2 所示。

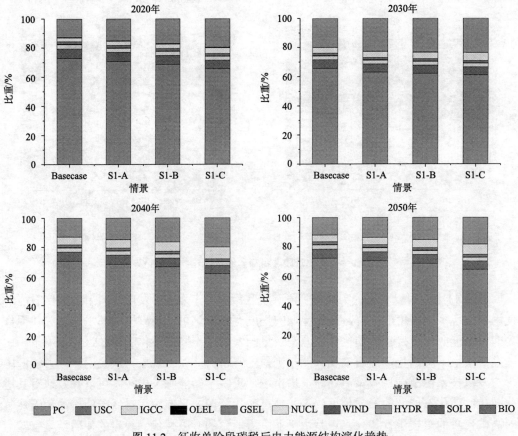

图 11.2　征收单阶段碳税后电力能源结构演化趋势

从图 11.2 中可以看出，征收单阶段碳税之后，各火力发电技术的供给量都呈下降趋势。2020 年，传统燃煤（PC）发电技术的比重在低碳税情景较基准情景下降 2 个百分点，在高碳税情景降低 7 个百分点，从 72.9% 降至 65.5%。其余 4 种以化石能源为燃料的发电技术（USC、IGCC、OLEL 和 GSEL）的占比都将下降，但下降幅度不足 1 个百分点。相应地，水电的占比将明显提高：低碳税税率下提高 3 个百分点，高碳税税率下提高 7 个百分点；其次是核电，其比重在低税率和高税率情景下分别提高 0.3 个百分点和 1.5 个百分点，而风电、太阳能以及生物质能发电技术的电力供给比重则无明显变化。到模拟后期，这一结构变动并没有继续深入调整，而是趋于稳定。由此可见，碳税政策同样有助于减少火力发电技术的市场份额，由此减少的电力供给将主要由相对成熟的水电与核电技术补充，而对风电、光电和生物质能发电等新能源技术影响甚微。

　　从模拟结果中还可以发现，在高碳税政策作用下，火力发电技术的供给高峰将会提前，如 PC 技术的发电高峰将提前至 2031 年，峰值为 3.7 万亿 kW·h；USC 技术的发电高峰发生在 2031 年，峰值为 0.34 万亿 kW·h；IGCC 技术发电高峰发生在 2032 年，峰值为 0.15 万亿 kW·h；燃油和燃气发电技术的供给高峰分别提前至 2033 年和 2032 年。相应地，水力发电将得到优先发展，其装机容量将于 2030 年达到上限。而在低碳税和中碳税情景下，火力发电高峰年份和基准情景一致。而对于风电、太阳能发电及生物质能发电等新能源发电技术来说，其在各碳税水平下的发电量均与基准情景一致。

　　相应地，中国的碳排放轨迹在三种不同碳税税率水平下也将不同程度地下移，起到一定的减排作用，如图 11.3 所示。

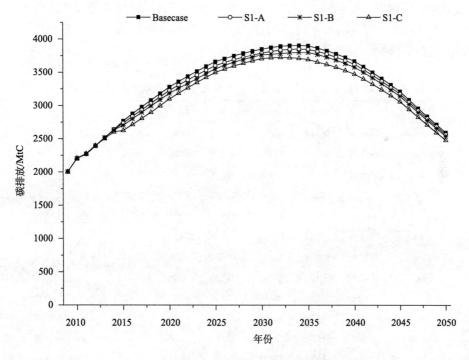

图 11.3　征收单阶段碳税后对碳排放路径的影响

　　图 11.3 表明，征收碳税之后碳排放量曲线将下移，意味着各期的碳排放均会有所减少，但是减排效果并不明显。由此可以看出，碳税虽然在减排实践上比较容易操作，但其减排效果较难控制。在征收 10$/tC 的低碳税情景下，累积碳排放总量为 136.4GtC，能源供给总成本为 14.4 万亿美元，相比基准情景减排 1.2%，而成本提高 3.1%。在 20$/tC 的中碳税情景下，碳排放总量为 134.9GtC，总能源成本为 14.8 万亿美元，相当于减排

2.3%的同时成本上涨 6.3%。在 50$/tC 的高碳税情景下，碳排放总量为 132.1GtC，总能源成本为 16.1 万亿美元，碳排放量减少 4.3%，而成本上升 15%。可见，碳税政策使得总能源供给成本大幅增加，但减排效果却十分有限。此外，碳税对排放高峰也将产生一定的影响：高税率情景下，碳高峰发生在 2032 年，比基准情景提前两年，排放峰值下降幅度为 4.6%；而中、低碳税情景则对碳排放高峰出现的年份没有影响。

11.2　两阶段碳税情景的模拟分析

实施两阶段碳税的目标，一是从实践角度降低引入碳税初期的社会抵制情绪，二是评估加大碳税税率的减排效果和对能源成本的影响。两阶段碳税也是对现实中逐渐递进提高碳税税率的一种抽象，从而有利于避免能源价格的剧烈波动，对经济系统的平稳运行也有一定的促进作用。两阶段碳税政策将模拟期分为两个阶段，分别为 2015～2030 年和 2030～2050 年。在第一阶段仍征收与单阶段碳税税率相同的碳税，到第二阶段则将税率水平提高 1 倍。

与单阶段碳税对化石能源价格的影响类似，两阶段碳税下化石能源的溢价水平也是基于式（11.1）计算而来的。相应地，在两阶段碳税水平下，化石能源消费量的变动情况和供给结构的演化趋势分别如表 11.2 和图 11.4 所示。

表 11.2　征收两阶段碳税对各化石能源消费量的影响　　　（单位：Mtoe）

年份	情景	COAL	OIL	GAS	PCEL	USC	IGCC	OLEL	GSEL	总量
2020	Basecase	1663.60	481.86	129.94	1045.46	70.09	26.91	4.43	16.24	3438.53
	S2-A	1651.11	483.51	130.34	1010.71	67.84	26.09	4.32	15.83	3389.75
	S2-B	1639.11	485.21	130.73	980.94	65.92	25.40	4.23	15.49	3347.03
	S2-C	1607.02	490.47	131.85	930.41	62.74	24.29	4.11	15.03	3265.92
2030	Basecase	2003.80	590.05	168.95	1155.49	77.95	30.15	4.98	18.71	4050.08
	S2-A	1978.04	594.11	169.65	1094.36	73.98	28.69	4.79	17.98	3961.60
	S2-B	1955.44	598.38	170.35	1076.71	72.91	28.35	4.79	17.93	3924.86
	S2-C	1900.59	610.27	172.13	1029.86	70.08	27.44	4.76	17.78	3832.91
2040	Basecase	1846.97	568.26	169.06	1144.55	77.40	30.02	5.13	19.55	3860.94
	S2-A	1826.97	571.90	169.49	1076.70	72.93	28.36	4.89	18.62	3769.86
	S2-B	1808.72	575.57	169.90	1025.11	69.54	27.11	4.72	17.94	3698.61
	S2-C	1763.61	586.08	170.91	915.67	62.37	24.46	4.37	16.53	3544.00
2050	Basecase	1327.79	435.52	130.36	763.49	51.28	19.34	3.46	13.07	2744.31
	S2-A	1313.05	438.23	130.35	725.10	48.74	18.44	3.32	12.53	2689.76
	S2-B	1299.85	440.99	130.34	696.30	46.87	17.78	3.23	12.14	2647.50
	S2-C	1267.86	448.90	130.31	633.60	42.82	16.34	3.03	11.34	2554.20

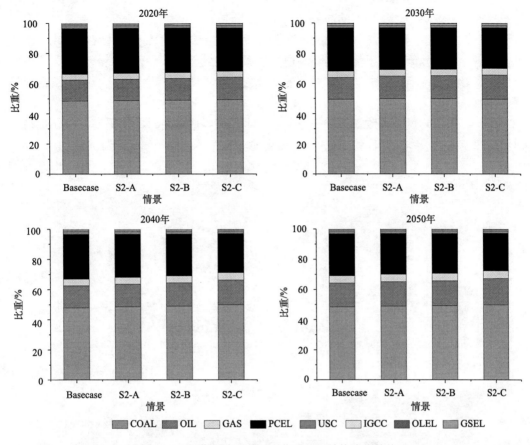

图 11.4　征收两阶段碳税后化石能源结构演化趋势

在两阶段碳税政策下，化石能源使用量相比于单一碳税政策进一步减少。到 2030 年，两阶段碳税情景低、中、高各级别税率下的化石能源总量分别比单一碳税情景减少 28Mtoe、38Mtoe 和 75Mtoe。至 2040 年化石能源总量较单一碳税情景进一步降低，分别减少 47Mtoe、74Mtoe 和 127Mtoe。由此看出，两阶段碳税对于化石能源使用起到了更加明显的抑制作用。但到 2050 年，相对单一碳税的化石能源减少量又回落至 2030 年的水平。

在高碳税 S2-C 情景下，非电力能源煤炭的使用高峰下降至 1910Mtoe，高峰时间仍出现在 2032 年，但比单一碳税对应税率的高峰值（1955 Mtoe）下降较多。与之对应的化石能源——石油与天然气，都将在各自的高峰水平维持一段时期。其中，石油在 2033～2035 年期间维持在 617Mtoe 水平，天然气在 2034～2037 年期间维持在 177Mtoe 水平。在低碳税 S2-A 情景下，非电力能源煤炭的使用高峰从基准情景的 2010 Mtoe 下降至 1985Mtoe。但天然气及石油的使用高峰则与基准情景基本一致，无明显变化。而在电力能源中，两阶段碳税高税率情景会使各化石能源燃料的消费高峰进一步提前。其中，煤炭燃料的使用高峰提前至 2029 年，天然气与石油燃料的使用高峰均提前至 2032 年。在中碳税情景下，煤炭的高峰则提前至 2032 年，天然气及石油高峰年份提前至 2033 年。在低碳税情景下，各燃料使用高峰年份保持不变，但峰值有所下降，这也说明了能源高峰的提前主要取决于碳税税率的高低。

从图 11.4 中同样可以发现，各化石能源用途之间的结构并没有发生显著变化。由此可以判断，碳税政策倾向于化石能源与电力能源之间的替代，使化石能源总消费量出现明显的下降趋势，但化石能源内部之间的替代效果较不明显，因此，化石能源结构未见明显改变。

另外，在两阶段碳税政策下，火力发电技术的燃料成本将进一步提高，由此带来其他新能源技术的成本相对优势显现。模拟得到的电力能源结构的演化趋势如图 11.5 所示。

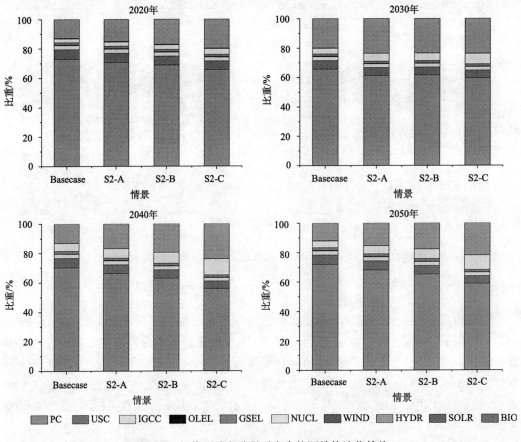

图 11.5　征收两阶段碳税后电力能源结构演化趋势

比较图 11.5 和图 11.2 可以发现，由于 2020 年处于两阶段碳税的第一阶段，其所实施的碳税政策与单阶段碳税情景完全一致，因此，此时各发电技术的发电量与其在电力能源供给中的占比也与单阶段碳税情景相同。2030 年为两阶段碳税第二阶段的第一年，当年各火力发电技术相比单阶段碳税情景都有减少趋势，但降幅有限。其中，在高碳税 S2-C 情景下，到 2030 年，PC 技术发电量较单阶段碳税情景减少 3.5%，USC 技术和 IGCC 技术发电量也分别减少 3.1% 和 2.5%，燃油发电与燃气发电技术的发电量与单一碳税情景相比没有明显下降。核电发电量比单阶段碳税情景增加 879 亿 kW·h，升幅达 25.8%，而水电、风电、太阳能及生物质能发电技术的发电量则保持与单阶段碳税情景基本一致。

相应地，PC 技术的供给比重较单阶段碳税情景进一步下降 1.6 个百分点，而核电技术的比重相应增加 1.5 个百分点，同时 USC 和 IGCC 技术的发电占比也有小幅的降低。

到 2040 年，各火力发电技术发电量进一步下降。其中，PC 技术发电量在高碳税 S2-C 情景下较单阶段碳税情景降低 8.9%，USC 技术和 IGCC 技术发电量分别下降 8.6% 和 8.1%，同时燃油发电与燃气发电技术的发电量也有了明显的减少，比对应的单阶段碳税情景各降低了 6.4% 和 6%。另外，核电发电量继续大幅增加，比单阶段碳税情景增长了 36.8%，而水电的发电量也呈现出上升趋势，比单阶段碳税政策下的发电量提高了 19%。但风电、太阳能发电和生物质能发电的发电量仍维持原有水平。此时，PC 技术的发电占比较单阶段碳税情景下降了 5.8 个百分点，同时核电与水电的供给比重分别提高了 2.9 个百分点和 3.7 个百分点，而其他火力发电技术的占比也有小幅的下降。

到 2050 年，两阶段碳税与单阶段碳税之间各发电技术的发电量差距逐渐缩小，由单阶段碳税政策下的电力能源结构演变趋势一致，此时火力发电技术在电力能源结构中的占比较 2040 年有所增加，而核电与水电技术的占比较 2040 年有所下降。但各电力技术的发电量绝对值仍延续新能源替代传统化石能源的趋势。

从图 11.6 中可以发现，实施两阶段碳税对碳排放路径也会产生相应影响。在进入第二阶段碳税之前的年份，由于碳税政策与单阶段碳税相同，各对应情景之间的碳排放趋势也完全一致。从第二阶段开始的 2030 年之后，碳排放路径进一步下移。相比单阶段碳税政策，高、中、低三种税率水平下 2030 年的碳排放量分别降低 29MtC、40MtC 和 79MtC，到 2040 年碳排放量的差距进一步扩大至 47MtC、76MtC 和 130MtC，而到模拟期末差距

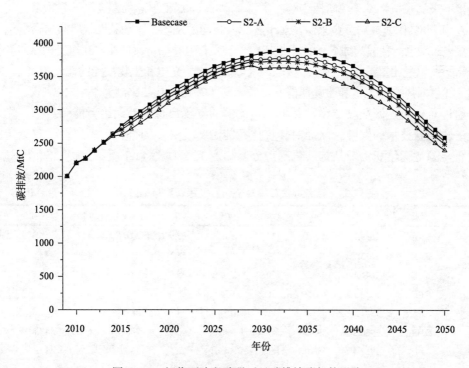

图 11.6　征收两阶段碳税后对碳排放路径的影响

有所回调，为 28MtC、45MtC 和 79MtC。

随着减排力度的加大，能源总供给成本也相应上升。与单阶段碳税情景相比，低碳税 S2-A 情景下的能源成本上升 1.2%，碳排放总量下降 0.6%；中碳税 S2-B 情景下的能源成本上升 2.3%，碳排放总量下降 0.9%；高碳税 S2-C 情景下的能源成本上升 5.1%，碳排放总量下降 1.5%。可见，成本上升幅度远大于减排幅度，但是成本上升的绝对量与减排量大致呈现线性关系。

此外，相比单阶段碳税政策，两阶段碳税政策的碳高峰会有所提前。高、中、低碳税水平下，碳排放高峰分别发生在 2029 年（峰值为 3670MtC）、2032 年（峰值为 3735MtC）和 2034 年（3793MtC）。其中，中碳税情景的高峰年份较单阶段碳税对应情景提前两年，高碳税情景碳高峰提前 3 年，而低碳税情景保持在 2034 年发生碳高峰。

11.3　碳税补贴政策下的模拟分析

从以上两节分析可以看出，碳税政策可以有效地抑制非电力能源与电力能源对化石能源的使用，进而刺激电力能源对非电力化石能源的替代，以及电力能源从传统以化石能源为燃料向无碳的新能源发电技术（如核电、水电）转换。但模拟结果显示，碳税政策，包括减排目标的制订，对风电、太阳能发电和生物质能发电等新能源电力技术的发展无法起到有效的激励作用，其原因在于它们的电力供给成本原高于其他技术。为此，可以考虑将收取的部分碳税用于针对这些发电技术的投资补贴，以促进这些发电技术的发展。

接下来的模拟将基于单阶段中等碳税税率水平（20$/tC）情景 S1-B，分别取其碳税总额的 20% 和 40% 作为补贴资金来源。对于各无碳新能源发电技术的补贴权重设置两种情景：①对核电、水电两种较为成熟的技术依旧给予补贴，但补贴份额较少，其他三种新能源技术根据初始发电量比重给予补贴，即核电、水电、风电、光电和生物质能的比例为 1∶1∶2∶3∶3；②仅对风电、光电和生物质能发电技术给予补贴，补贴比例为 1∶2∶2。

通过对化石能源征收碳税，并将一定比例的碳税反过来补贴给新能源技术，将进一步促进新能源技术的发展，从而对传统化石能源实现更多的替代。模拟得到政策实施后的化石能源量变化和消费结构演化趋势分别如表 11.3 和图 11.7 所示。

表 11.3　碳税补贴政策对各化石能源消费量的影响　　　　（单位：Mtoe）

年份	情景	COAL	OIL	GAS	PCEL	USC	IGCC	OLEL	GSEL	总量
2020	S3-A	1639.7	485.1	130.7	980.3	65.9	25.4	4.2	15.5	3346.8
	S3-B	1638.7	485.3	130.7	977.2	65.7	25.3	4.2	15.4	3342.5
	S3-C	1641.1	484.9	130.6	980.9	65.9	25.4	4.2	15.5	3348.5
	S3-D	1639.1	485.2	130.7	974.6	65.5	25.2	4.2	15.4	3339.9
2030	S3-A	1981.2	593.4	169.6	1084.7	73.3	28.4	4.7	17.8	3953.1
	S3-B	1980.2	593.5	169.6	1082.9	73.1	28.4	4.7	17.8	3950.2
	S3-C	1982.4	593.0	169.6	1075.3	72.6	28.1	4.7	17.6	3943.3
	S3-D	1980.4	593.4	169.6	1071.9	72.4	28.1	4.7	17.6	3938.1

续表

年份	情景	COAL	OIL	GAS	PCEL	USC	IGCC	OLEL	GSEL	总量
2040	S3-A	1829.2	571.3	169.5	1073.0	72.7	28.2	4.9	18.5	3767.3
	S3-B	1828.4	571.4	169.5	1067.6	72.3	28.1	4.8	18.4	3760.5
	S3-C	1830.1	571.0	169.4	1064.0	72.0	28.0	4.8	18.4	3757.7
	S3-D	1828.6	571.2	169.4	1055.9	71.5	27.8	4.8	18.2	3747.4
2050	S3-A	1310.6	436.9	130.0	709.5	47.7	18.1	3.2	12.2	2668.2
	S3-B	1312.6	437.5	130.2	714.8	48.1	18.2	3.3	12.3	2677.0
	S3-C	1306.9	435.6	129.6	691.7	46.5	17.6	3.1	11.8	2642.8
	S3-D	1311.4	437.0	130.1	702.7	47.3	17.9	3.2	12.1	2661.7

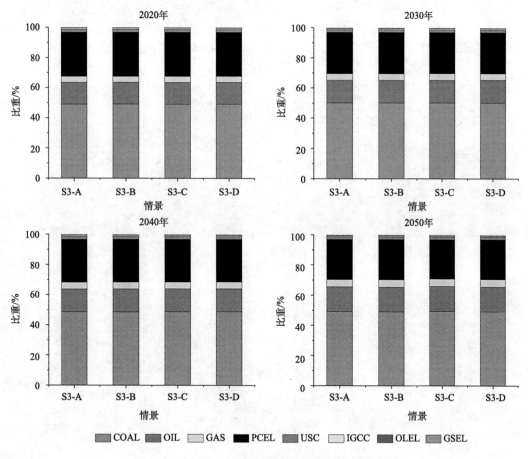

图 11.7　实施碳税补贴政策后化石能源结构演化趋势

　　相比于对应的碳税无补贴（S1-B）政策，四种碳税补贴政策下的非电力能源的使用情况基本相同。与碳税政策相似，补贴政策对于电力及非电力能源的替代作用依然有限。在电力能源中，由于补贴政策增加了对非碳发电技术的支持，其发电量有所增加，从而使得火力发电量减少，进而对化石燃料的需求均低于无补贴政策下的需求量。随着时间的推移，其需求量下降趋势进一步扩大。到 2030 年时，对于补贴率为 20% 的 S3-A、S3-B 情景，各火力发电技术的燃料需求较无补贴的 S1-B 情景相比减少 1% 左右，对于补贴率为 40% 的 S3-C、S3-D 情景，各火力发电技术的燃料使用较 S1-B 清洁减少约 2%。到 2050 年，火力发电的燃料使用量进一步减少：S3-A、S3-B 情景下约减少 2%，S3-C、S3-D 情景下约减少 4%。

但总体来说，补贴政策对于抑制化石能源使用的效果并不十分突出。对于补贴的两种投资权重而言，在碳税补贴政策实施的初期，只投资于新能源的 S3-B 和 S3-D 情景对火力发电的抑制作用，大于对包括水电与核电在内的所有低碳电力能源进行投资的 S3-A 和 S3-C 情景。但到 2040 年之后，S3-A 和 S3-C 情景对于化石燃料的抑制效应又高于 S3-B、S3-D 情景。

碳税补贴政策设置的根本目的在于促进新能源的发展，尤其是风电、太阳能和生物质能发电技术。因此，与化石能源结构演变不同，碳税补贴政策对新能源发电技术的发展将产生重要影响，从而带动电力能源结构转变，其具体演变趋势如图 11.8 所示。

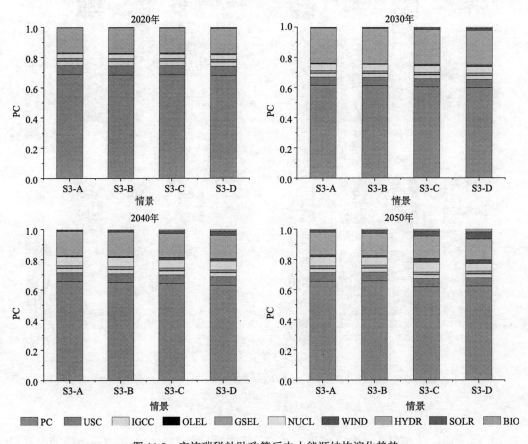

图 11.8　实施碳税补贴政策后电力能源结构演化趋势

从图 11.8 中可以明显看出，实施碳税补贴政策之后，风电、太阳能及生物质能发电技术较基准情景以及仅征收碳税无补贴的 S1-B 情景均有了显著的发展。而且补贴力度越大，其发展趋势越明显。因此，以碳税收入的 40%作为补贴资金来源的 S3-C 和 S3-D 情景下的新能源发展趋势显著强于以碳税收入的 20%作为补贴资金来源的 S3-A 和 S3-B 情景；补贴对象仅限于三种新能源的补贴策略情景（S3-B 和 S3-D），较补贴用于所有低碳能源技术的情景（S3-A 和 S3-C）更有利于新能源技术的发展。

2020 年，S3-A、S3-B（20%的补贴率）情景下的风电、太阳能和生物质能发电技术的电力能源供给占比分别提高至 0.6%、0.2%和 0.13%；而在 S3-C、S3-D（40%的补贴率）情景下，三者占比则上升至 0.85%、0.4%和 0.25%，提高补贴资金可有效提高新能源比重。到 2050 年，S3-A、S3-B（20%的补贴率）情景下风电、太阳能及生物质能发电技术的占比分别上升至 0.8%、1.0%和 0.45%。而 S3-C、S3-D（40%的补贴率）情境下则分别上升至 1.6%、2.5%、1.1%。虽然其比重仍然较低，但相比基准情景及 S1-B 情景（仅征收碳税而无补贴）均有了显著的提升，因此，为了促进新能源的发展，仅依靠市场机制是不够的，还需要政府投资资金的介入。

比较而言，碳税的征收提高了化石能源的使用成本，另外，补贴政策的实施不仅会促使新能源技术的发展，同时也提高了对化石能源的替代力度。因此，碳税补贴政策通过以上两种效应可以促使能源系统向低碳方向转变，同时对新能源发展也有较为明显的影响。但总体而言，虽然补贴政策下的新能源技术得到了有效发展，但对火力发电的替代作用并不十分明显。2020 年，各火力发电技术的占比份额基本与无补贴政策一致。到 2030 年，PC 技术的占比与无补贴的碳税政策相比，也仅下降了 1%（20%的补贴情景）或 2%（40%的补贴情景）。到 2050 年，PC 技术的占比则分别下降了 3%与 6%。可见，碳税补贴政策可以抑制并推动新能源技术的发展，但其成效并不明显。换言之，相比减排目标情景，基于市场的减排政策手段，其减排效果有限。

在碳税补贴政策的双向激励下，新能源发电技术的发展和化石能源一次使用量的下降，使得电力能源对非电力能源的替代作用更加明显。图 11.9 给出了电力能源的供给曲线。

图 11.9 显示，S3-A、S3-B、S3-C、S3-D 四种碳税补贴情景下，电力能源的替代效应都呈现逐年增加的趋势，表现为各期的电力供给量相对于基准情景的差距逐渐扩大。并且，随着补贴率的增加，电力能源对非电力能源的替代力度越大。而对于两种补贴权重来讲，只投向新电力能源的补贴政策（S3-B、S3-D 情景）对非电力的替代作用要大于对所有非碳发电技术都投资的补贴政策（S3-A、S3-C 情景）。到 2030 年，S3-A、S3-B、S3-C、S3-D 情景各碳税补贴政策下的发电量要比单一碳税政策分别增加 293 亿 kW·h、422 亿 kW·h、806 亿 kW·h、1133 亿 kW·h。到 2050 年，其增加量则分别上升至 793 亿 kW·h、893 亿 kW·h、2054 亿 kW·h、2393 亿 kW·h。

再来看能源成本的变化。模拟结果显示，不同的碳税补贴率及补贴权重对于化石能源价格基本无影响，因为影响化石能源价格的碳税税率均采用的是 20$/tC。但是，碳税补贴政策可以激励低碳发电技术，尤其是新能源技术的发展，并同时促使电力能源替代非电力能源。由于碳税补贴政策提高了对新能源技术的投资力度，因此，通过学习效应可以有效地降低新能源技术的装机成本（图 11.10）。

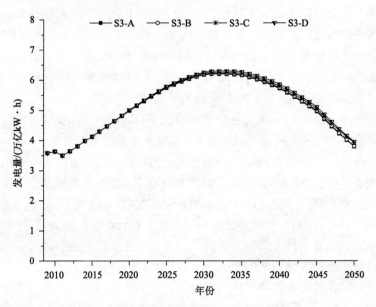

图 11.9　　碳税补贴政策下电力能源供给量演化轨迹

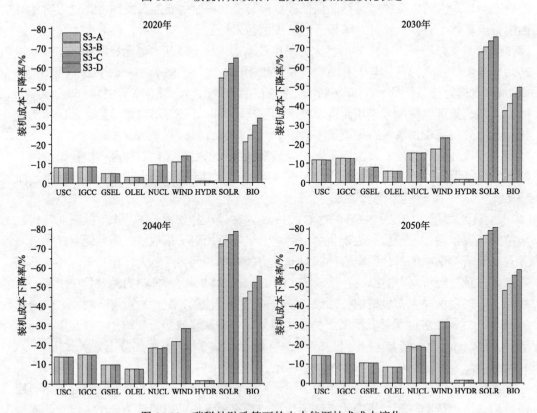

图 11.10　碳税补贴政策下的电力能源技术成本演化

在碳税补贴政策下，新能源的装机成本的下降速度非常显著。在碳税补贴政策实施后的第一年，即 2016 年，太阳能发电技术的装机成本便出现大幅下降，其降幅在所有发电技术中最大。S3-A、S3-B、S3-C、S3-D 四个情景中，其下降率分别达 28.4%、31.9%、36.9% 和 40.3%，并从 2023 年左右开始，下降幅度趋于平缓。到 2050 年，其降幅在四种碳税补贴政策情景中分别达 74.1%、76.1%、78.6% 和 80.2%。从各种情景下太阳能发电技术可以获得的补贴总量来看，S3-A 情景将 20% 的碳税收入用于补贴，其中太阳能发电技术的补贴权重为 30%，因此，该情景中太阳能发电技术所获得的补贴总量为碳税收入的 6%，而在 S3-B、S3-C 和 S3-D 情景中的补贴总量分别为碳税收入的 8%、12% 和 16%。由此可以解释为何太阳能发电技术装机成本的下降幅度在四种情景中依次递增。

此外，生物质能发电技术的装机成本也出现显著下降，其下降幅度仅次于太阳能发电技术。在碳税补贴政策实施后的 2016 年，四种政策情景下的装机成本降幅分别达 6%、7.4%、10.1% 和 12.4%，并在 2026 年左右由快速下降过渡到缓慢下降阶段。到 2050 年，其装机成本降幅分别达 47.6%、51.0%、55.4%、58.4%。与太阳能发电技术相同，生物质能发电技术在 S3-A、S3-B、S3-C、S3-D 四种情景下所获得的补贴总量分别为碳税收入的 6%、8%、12% 和 16%，从而导致生物质能发电技术的装机成本在四种情景中的下降幅度依次增加。

装机成本下降较为明显的新能源发电技术还包括风电技术，碳税补贴政策下虽然对风电技术也给予了较大的补贴比率（四种情景均为 20%），但补贴强度不及太阳能与生物质能发电技术，因此其装机成本下降幅度比太阳能和生物质能发电技术小很多。到 2050 年，S3-A、S3-B、S3-C、S3-D 四个情景中的装机成本降幅分别为 19.3%、19.3%、26.8%、26.8%。而同样（部分）接受补贴的核电与水电技术，其装机成本下降幅度更小，到 2050 年，两者的装机成本在四种碳税补贴政策情景中分别降低 19%、18.8%、19.3%、18.7% 和 1.536%、1.533%、1.529%、1.52%。可以看出，接受补贴时（S3-A 和 S3-C）的成本下降幅度高于不享受补贴时的 S3-B 和 S3-D 情景。而水电技术的成本下降幅度甚至低于四种火力发电技术，原因在于可供开发的水资源总量有效，其投资的潜力影响了学习效应的发挥。与图 11.8 的电力能源供给结构比较来看，水电的比重仍然是所有新能源技术中最高的，其次是核电，反映出两者尽管未来的成本下降幅度较小，但在成本的实际数值上仍具有一定的优势。

从图 11.10 中还可以看出，除传统燃煤发电 PC 技术以外的 USC、IGCC、OLEL 和 GSEL 等火力发电技术的装机成本还将进一步降低，反映出火力发电技术相比低碳的新能源发电技术更有成本优势，未来还将继续发展。持续的投资还将通过学习效应进一步降低其装机成本，短时间很难被新能源发电技术大幅度取代。因此，从图 11.8 中可以发现，其在电力能源供给中的比重仍维持在较高的水平。

总之，通过碳税补贴政策可以有效地刺激新能源技术的发展，尤其是在市场机制下得不到发展的太阳能和生物质能发电技术。但与减排目标情景相比，碳税补贴政策与碳税政策一样，无法有效扭转电力能源结构，由此意味着其减排效果不及减排目标情景。四种碳税补贴政策下的碳排放路径如图 11.11 所示。

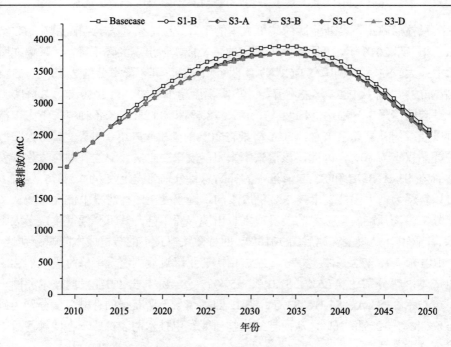

图 11.11　不同碳税补贴政策下的中国碳排放路径比较

　　从图 11.11 中可以看出，相比基准情景，碳税补贴政策自实施以来可以明显地降低各期的碳排放水平。但这一减排效应主要来自碳税政策的作用，表现为各碳税补贴政策的碳排放路径基本重合，且与对应的单阶段碳税政策 S1-B 情景下的碳排放曲线一致。可见对新能源电力技术进行补贴这一政策的引入，对降低碳排放并无显著效果。

　　具体的模拟结果显示，四种碳税补贴政策下，对应的碳排放高峰年份与无补贴政策下的碳税政策一致，均发生在 2034 年。排放峰值在 S3-A、S3-C、S3-B 和 S3-D 情景中依次降低，较无补贴碳税政策 S1-B 情景（该情景较基准情景峰值减少 106MtC）分别减少 1.4MtC、5.1MtC、8.8MtC 和 18.3MtC。

　　从累积排放总量来看，各碳税补贴情景之间以及其与碳税无补贴政策 S1-B 情景之间的差距也并不明显。与基准情景相比，S3-A、S3-C、S3-B 和 S3-D 情景下的累积减排量依次递增，分别为 3.46GtC、3.56GtC、3.69GtC 和 3.89GtC，相互之间的差距不足 430MtC。同样相比基准情景，各碳税补贴政策所对应的能源供给总成本分别增加 0.82 万亿、0.85 万亿、0.84 万亿和 0.77 万亿美元。由此可以计算出对应各情景的单位减排成本分别为 237$/tC、240$/tC、227$/tC 和 198$/tC。与 S1-B 情景的单位减排成本（274$/tC）相比，补贴政策的实施可以明显降低减排成本，而且补贴越多，减排成本下降幅度越大。

11.4　不同减排政策比较

　　与减排控制目标（终期或总量）情景不同，本章探讨了减排政策对能源结构、能源成本和减排效果的影响，并进行了模拟分析。通过将碳税征收和补贴返还模块引入能源最优组合模型，分别对单阶段碳税、两阶段碳税和碳税补贴政策进行了模拟。接下来我们从宏观尺度对各情景模拟结果进行比较分析，不同减排政策的模拟结果对比情况如表11.4 所示。

表 11.4　各减排政策情景与基准情景下的能源成本与碳排放特征比较

情景名称	累积排放 /GtC	能源总成本 /tril.$	减排成本 /($/tc)	排放峰值 /MtC	高峰年份
基准情景（Basecase）	138	13.96	—	3903	2034
单阶段低碳税（S1-A）	136	14.40	258	3849	2034
单阶段中碳税（S1-B）	135	14.83	275	3797	2034
单阶段高碳税（S1-C）	132	16.11	357	3720	2032
两阶段低碳税（S2-A）	136	14.57	237	3793	2034
两阶段中碳税（S2-B）	134	15.17	272	3735	2032
两阶段高碳税（S2-C）	130	16.93	368	3670	2029
碳税 20%补贴 1：1：2：3：3（S3-A）	135	14.78	237	3796	2034
碳税 20%补贴 1：2：2（S3-B）	135	14.81	239	3789	2034
碳税 40%补贴 1：1：2：3：3（S3-C）	134	14.80	227	3792	2034
碳税 40%补贴 1：2：2（S3-D）	134	14.73	199	3779	2034

通过对不同减排政策和政策组合下的模拟结果进行对比，我们发现以下结论。

（1）碳税政策的实施增加了化石能源的使用成本，由此带来的溢价效应随碳税税率的增加而提高。在碳税政策的调节下，化石能源总量的使用较基准情景有所减少，但对化石能源高峰的提前作用有限。由于碳税给各化石能源品种带来的溢价效应略有差别，因此，化石能源结构没有发生显著变化。同时碳税还抑制了火力发电技术的发展，由此减少的发电量将由核电和水电等较为成熟的技术替代，而对风电、太阳能和生物质能发电技术的影响近乎为零。

（2）碳税政策可以在一定程度上降低碳排放，促使排放曲线下移，但其减排效果有限。在单阶段高碳税情景中，碳高峰将比基准情景提前两年发生，而在中、低碳税政策情景下碳高峰仍出现在 2034 年；两阶段碳税政策由于后期税率提高，对排放高峰有较大影响，在中、高碳税税率下碳排放高峰分别提前 2 年和 5 年发生。

（3）随着碳税税率的提高，累积碳排放总量较基准情景下降明显，意味着减排量逐渐增加，而同时能源总供给成本也随之大幅提高。通过计算，碳税政策下的单位减排成本也呈随税率提高而递增的趋势。

（4）碳税补贴政策对新能源发电技术的发展具有非常大的促进作用。其中，太阳能发电技术的学习效应最为显著，到 2050 年，其装机成本降低了 74.1%~80.2%；其次是生物质能发电技术，其装机成本到 2050 年将下降 47.6%~58.4%。因此，碳税补贴政策相比于碳税政策及减排目标情景，太阳能与生物质能发电技术在电力能源供给中的比例都有了一定程度的提升。到 2050 年，风电、太阳能和生物质能发电占比分别上升了 0.8%~

1.6%，1.0%～2.5%和 0.45%～1.1%。但是，新能源对火力发电技术的替代作用依旧不明显，到 2050 年，传统燃煤发电 PC 技术的占比仍维持在 60%以上。

（5）碳税补贴政策的实施相比对应的碳税政策，并没有带来碳排放的显著下降，不同补贴策略下的碳排放路径与无补贴政策基本重合。碳排放高峰与基准情景一样，均出现在 2034 年。与基准情景相比，S3-A、S3-C、S3-B 和 S3-D 情景下的累积减排量依次递增，分别为 3.46GtC、3.56GtC、3.69GtC 和 3.89GtC，相互之间的差距不足 430MtC。同样相比基准情景，各碳税补贴政策所对应的能源供给总成本分别增加 0.82 万亿、0.85 万亿、0.84 万亿和 0.77 万亿美元。由此可以计算出对应各情景的单位减排成本分别为 237$/tC、240$/tC、227$/tC 和 198$/tC。与 S1-B 情景的单位减排成本（274$/tC）相比，补贴政策的实施可以明显降低减排成本，而且补贴越多，减排成本下降幅度越大。

（6）碳税补贴政策对电力和非电力能源之间替代作用的影响依然有限，对化石能源使用的抑制效果并不突出。但补贴政策在促进新能源发展上的意义较大，碳税补贴政策可以有效地促进新能源发电技术装机成本的下降，但对减排控制来讲，基于市场调节手段的碳税补贴政策与基于减排目标的控制效果相去甚远。

参 考 文 献

蔡圣华, 牟敦国, 方梦祥. 2011. 二氧化碳强度减排目标下我国产业结构优化的驱动力研究. 中国管理科学, 19(4): 167-173.

丁仲礼. 2010. 应基于"未来排放配额"来分配各国碳排放权. 群言, (04): 20-23.

刘卫东, 张雷, 王礼茂, 等. 2010. 我国低碳经济发展框架初步研究. 地理研究, 29(5): 778-788.

石莹, 朱永彬, 王铮. 2015. 成本最优与减排约束下中国能源结构演化路径. 管理科学学报, 18(10): 26-37.

王铮, 吴静, 李刚强, 等. 2009. 国际参与下的全球气候保护策略可行性模拟. 生态学报, 29(5): 2407-2417.

王铮, 朱永彬, 刘昌新, 等. 2010. 最优增长路径下的中国碳排放估计. 地理学报, 65(12): 1559-1568.

吴静, 王铮, 朱潜挺. 2010. 国际气候保护方案分析. 安全与环境学报, (6): 92-97.

吴静, 王铮. 2010. 认识全球减排方案的核心问题. 科技促进发展, (3): 21-25.

杨喜爱, 崔胜辉, 林剑艺, 等. 2012. 能源活动 CO_2 排放不同核算方法比较和减排策略选择. 生态学报, 32(22): 7135-7145.

张军, 吴桂英, 张吉鹏. 2004. 中国省际物质资本存量估算: 1952—2000. 经济研究, 10: 35-44.

张雷, 黄园淅. 2008. 中国产业结构节能潜力分析. 中国软科学, (5): 27-34.

朱永彬, 刘昌新, 王铮, 等. 2013. 我国产业结构演变趋势及其减排潜力分析. 中国软科学, (2): 35-42.

朱永彬, 王铮, 庞丽, 等. 2009. 基于经济模拟的中国能源消费与碳排放高峰预测. 地理学报, 64(8): 935-944.

朱永彬, 王铮. 2013. 经济平稳增长下基于研发投入的减排控制研究. 科学学研究, (4): 554-559.

朱永彬, 王铮. 2014. 排放强度目标下中国最优研发及经济增长路径. 地理研究, 33(8): 1406-1416.

朱永彬, 王铮. 2014. 中国产业结构优化路径与碳排放趋势预测. 地理科学进展, 33(12): 1579-1586.

Arrhenius S. 1896. On the influence of carbonic acid in the air upon the temperature of the ground. Philosophical Magazine and Journal of Science, 41(5): 237-276.

Auffhammer M, Carson R T. 2008. Forecasting the path of China's CO_2 emissions using province-level information. Journal of Environmental Economics and Management, 55: 229-247.

Babiker M H, Maskus K E, Rutherford T F. 1997. Carbon taxes and the global trading system. Working Paper 97-7, University of Colorado, Boulder.

Baer P, Athanasiou T. 2008. The Right to Development in a Climate Constrained World: Greenhouse Development Rights Framework. http: //www. boell. de/ecology/climate/climate-energy-966. [2012-06-30].

Barreto L, Messner S, Schrattenholzer L. 1999. Endogenous Technological Change in Energy System Models. Journal of Political Economy, 98(3): 71-102.

Bert M, Ogunlade D, Manuela L. 2005. IPCC Special Report on Carbon Dioxide Capture and storage . New York: Cambridge University Press.

Bosetti V, Carraro C, Massetti E, et al. 2009. Optimal energy investment and R&D strategies to stabilize atmospheric greenhouse gas concentrations. Resource and Energy Economics, 31: 123-137.

Bosetti V, Massetti E, Tavoni M. 2007. The WITCH Model. Structure, Baseline, Solutions. Working Papers 2007. 10, Fondazione Eni Enrico Mattei.

Burniaux J M, Nicoletti G, Oliveira-Martins J. 1992. GREEN: A global model for quantifying the costs of policies to curb CO_2 emissions. OECD Economic Studies, 19: 49-92.

Burniaux J M, Truong T P. 2002. GTAP-E: An energy-environmental version of the GTAP model. GTAP technical paper, 16.

Cass D. 1965. Optimum growth in an aggregative model of capital accumulation. Review of Economic Studies, 32: 233-240.

Dai Y D, Zhou F Q, Zhu Y Z, et al. 2004. Approaches and Measures to Achieve the Anticipated Goal of Reducing China' s Energy Intensity of GDP by 20% to 2010. China Industrial Economics, (4): 29-37.

Fisher-Vanden K, Jefferson G H, Liu H, et al. 2004. What is Driving China's Decline in Energy Intensity. Resource and Energy Economics, 26: 77-97.

Goldsmith R W. 1951. A perpetual inventory of national wealth. In: Gainsburgh M R, Studies in Income and Wealth, New York: National Bureau of Economic Research.

Guan D, Hubacek K, Weber C L, et al. 2008. The drivers of Chinese CO_2 emissions from 1980 to 2030. Global Environmental Change, 18: 626-634.

Guo G, Guo J, Xi Y, et al. 2008. Energy-Saving Effect Calculation and Implementation Strategy Study on the Industrial Structure Adjustment in Western China. China Population, Resources and Environment, 18(4): 44-49.

Hu C Z, Huang X J. 2008. Characteristics of Carbon Emission in China and Analysis on Its Cause. China Population, Resources and Environment, 18(3): 38-42.

IEA. 2006. World energy outlook 2006. Paris: OECD Publication Service.

Jamasab T. 2007. Technical change theory and learning curves: patterns of progress in electric generation technologies. The Energy Journal, 28(3): 51-72.

Kambara T. 1992. The Energy Situation in China. China Quarterly, 131: 608–636.

Kaya Y. 1989. Impact of carbon dioxide emission control on GNP growth: interpretation of proposed scenarios Paper Presented to the Energy and Industry Subgroup, Response Strategies Working Group, Intergovernmental Panel on Climate Change, Paris.

Kemfert C. 2002. An integrated assessment model of economy-energy-climate, the model Wiagem. Integrated Assessment, 3(4): 281-298.

Koopmans T C. 1965. On the concept of optimal economic growth. The Econometric Approach to Development Planning.

Liao H, Fan Y, Wei Y. 2007. What Induced China's Energy Intensity to Fluctuate: 1997–2006? Energy Policy, 35(9): 4640-4649.

Liu N, Ang B W. 2007. Factors Shaping Aggregate Energy Intensity Trend for Industry: Energy Intensity versus Product Mix. Energy Economics, 29(4): 609-635.

Loulou R, Goldstein G, Noble K. 2004. Documentation for the MARKAL familiy of models. http: //www. etsap. org/MrklDoc-I_StdMARKAL. pdf

Maycock P D. 2003. The world photovoltaic market. [2015-10-31]Practical Handbook of Photovoltaics, 887-912.

McDonald A, Schrattenholzer L. 2001. Learning rates for energy technologies. Energy Policy, 29: 255–261.

Moon Y S, Sonn Y H. 1996. Productive energy consumption and economic growth: An endogenous growth model and its empirical application. Resource and Energy Economics, 18: 189-200.

Ramsey Y F. 1928. A mathematical theory of saving. Economic Journal, 38: 543-559.

Rashe R, Tatom J. 1977. Energy resources and potential GNP. Federal Reserve Bank of St Louis Review, 59(6): 68-76.

Schmalensee R, Stoker T M, Judson R A. 1998. World carbon dioxide emission: 1950–2050. The Review of Economics and Statistics, 80(1): 85-101.

Smil V. 1990. China's energy. Report Prepared for the U. S. Congress, Office of Technology Assessment. Washington, DC.

Solow R M. 1956. A contribution to the theory of economic growth. Quarterly Journal of Economics, 70: 65-94.

Steckel J, Jakob M, Marschinski R, et al. 2011. From carbonization to decarbonization. Past trends and future scenarios for China's CO_2 emissions. Energy Policy, 39(6): 3443-3455.

Tol R. 2014. Climate economics-economic analysis of climate, climate change and climate policy. Cheltenham: Edward Elgar.

Wang C, Chen J, Zou J. 2005. Decomposition of energy-related CO_2 emission in China: 1957–2000. Energy, 30(1): 73-83.

Zha D L, Zhou D Q, Ding N. 2009. The Contribution Degree of Sub-sectors to Structure Effect and Intensity Effects on Industry Energy Intensity in China from 1993 to 2003. Renewable & Sustainable Energy Reviews, 13(4): 895-902.

Zhang M, Mu H, Ning Y, et al. 2009. Decomposition of energy-related CO_2 emission over 1991–2006 in China . Ecological Economics, 68(7): 2122-2128.

Zhang Z X. 2000. Decoupling China's carbon emissions increase from economic growth: An economic analysis and policy implications. World Development, 28(4): 739-752.

Zhang Z X. 2003. Why did the Energy Intensity Fall in China's Industrial Sector in the 1990s. The Relative Importance of Structural Change and Intensity Change. Energy Econ, 25: 625-638.